Bernard Ong'amo

Utilização dos recursos biológicos e desempenho dos estudantes do ensino secundário em Siaya-Kenya

Bernard Ong'amo

Utilização dos recursos biológicos e desempenho dos estudantes do ensino secundário em Siaya-Kenya

ScienciaScripts

This book is a translation from the original published under ISBN 978-3-330-33061-0.

Publisher:
Sciencia Scripts
is a trademark of
Dodo Books Indian Ocean Ltd. and OmniScriptum S.R.L publishing group

120 High Road, East Finchley, London, N2 9ED, United Kingdom
Str. Armeneasca 28/1, office 1, Chisinau MD-2012, Republic of Moldova, Europe
Printed at: see last page
ISBN: 978-620-7-93949-7

UTILIZAÇÃO DE RECURSOS BIOLÓGICOS E SECUNDÁRIOS

DESEMPENHO DOS ESTUDANTES NO SIAYA-QUÉNIA

DEDICAÇÃO

A Deus Todo-Poderoso e ao meu pai Patrick, que me encorajou a empreender estudos desta envergadura.

SAIR

Estou muito grato ao Professor Samson Ondigi e ao falecido Dr. Ndichu Gitau da Universidade Kenyatta pelos seus conselhos profissionais sobre este trabalho. Estou igualmente grato à Dra. Omariba Alice, que redigiu o documento final e contribuiu para a sua publicação no International Journal of Education and Research.

Agradeço ao Sr. Antony D. Bojana pela revisão completa do manuscrito anterior.

Gostaria também de agradecer aos funcionários da Biblioteca Moi da Universidade Kenyatta e do Instituto de Educação do Quénia, que me permitiram obter livros de investigação e obras de vários autores, que me foram emprestados gratuitamente.

Gostaria de agradecer particularmente à editora da Lambert Academic Publishers, Marina Godovaniuc, da Alemanha, que tornou possível a publicação deste livro e a sua distribuição em todo o mundo.

Por último, gostaria de agradecer à minha família - a minha mulher Anne e os meus filhos Conrad, Clément e Timon - pela sua paciência durante os momentos difíceis em que estava a realizar este trabalho.

A todos vós, obrigado e que Deus vos abençoe sempre.

CAPÍTULO 1

INTRODUÇÃO

1.1 Antecedentes do estudo

A biologia, como ramo da ciência, tem uma série de conceitos interligados e esquemas conceptuais que se desenvolveram como resultado de experiências e observações. Grobman e Mayer (1975) sublinham a dificuldade de estudar esta disciplina, explicando que, para compreender a biologia, os factos e os princípios devem ser vistos no contexto rico de estudos laboratoriais relacionados. Devido à natureza em constante mudança da ciência de que a biologia faz parte, Makulu (1971) observa que as estratégias outrora utilizadas pelos professores de ciências nas suas aulas se tornaram irrelevantes hoje em dia, porque o nosso ambiente não é estático, mas sim mutável (Fisher, Power & Endean, 1972). O currículo de biologia no ensino secundário tem mudado continuamente desde a independência do Quénia. Estas mudanças levaram a uma revisão do currículo de biologia devido ao elevado custo do equipamento e dos aparelhos biológicos, às necessidades da sociedade, ao número inadequado de professores formados e à evolução das tendências no ensino das ciências.

O governo colonial concebeu um currículo para os africanos que deveria ser subordinado ao dos asiáticos e europeus, com menos elementos práticos (Sheffield, 1973). Enquanto os asiáticos e os europeus eram autorizados a ter biologia como disciplina, os africanos eram autorizados a estudar biologia como parte das ciências naturais gerais, que também incluíam as ciências físicas - física e química. A tentativa de desenvolver um currículo de ciências naturais para o ensino secundário após a Comissão Ominde de 1964 tinha falhado. Segundo Maundu, Muchiri e Sambili (1998), isto deveu-se ao facto de os planos não terem tido em conta o ambiente local em que as escolas se situavam e de os professores não terem sido consultados antes da elaboração das orientações curriculares. A pressão para reformar o currículo foi dificultada após a independência pela necessidade de formar rapidamente africanos para ocupar os lugares de topo que ficaram vagos quando os antigos funcionários públicos coloniais foram retirados. Para atingir o objetivo acima referido, Sheffield (1973) descobriu que o ensino nas escolas quenianas era feito através de aulas teóricas e da memorização de notas de aulas para passar nos exames. Toili (1987) observa que, durante e após a independência, no período de 1963-1970, a política nacional consistia em formar mais pessoas em disciplinas científicas, a fim de preencher vagas em profissões orientadas para as ciências, incluindo medicina, engenharia, agricultura, ensino e investigação. Isto incentivou o método de simulação em biologia e outras disciplinas científicas, em que o objetivo principal era passar nos exames e qualificar-se para os empregos em questão, em detrimento da pedagogia.

A necessidade de mudar o ensino das ciências foi reconhecida em toda a África. Em 1967, foi lançado no Quénia o projeto-piloto da UNESCO "Compreensão Internacional na Escola". A biologia deveria ser ensinada através de uma abordagem exploratória, na qual se esperava que os alunos fizessem muitas das descobertas através de experiências e observações e que realizassem as suas próprias experiências. Este aspeto revelou-se o principal obstáculo ao sucesso, uma vez que o custo do equipamento era elevado e os alunos não tinham a experiência necessária para planear e realizar as suas próprias experiências. O governo introduziu então o currículo Nuffield Science Project, herdado do Reino Unido, que incluía um programa de apoio técnico, livros, equipamento e outras instalações, mas também este fracassou, tal como o projeto-piloto da UNESCO. As razões para o fracasso do projeto Nuffield Science foram a elevada necessidade de equipamento, livros e aparelhos dispendiosos e a falta de professores bem formados e qualificados.

Em 1968, a Organização das Nações Unidas para a Educação, a Ciência e a Cultura organizou uma conferência sobre o desenvolvimento da educação em África em Adis Abeba (UNESCO, 2006). O relatório final da conferência é resumido por Makulu (1971) e contém as seguintes recomendações, entre outras:

> Coordenação do planeamento económico com o planeamento da formação,
> Reforço das instituições de formação de professores
> Reformar o currículo escolar de modo a incluir métodos de ensino das ciências novos e mais eficazes que dêem ênfase à observação e à experimentação.

Isto resultou da necessidade de mudar o ensino das ciências, passando de métodos centrados no professor para métodos centrados no aluno, que enfatizam a aprendizagem individual utilizando recursos. Haggis (1972) observa que grande parte do ensino consiste na transmissão de informações sobre ciência e na memorização de factos para passar nos exames. Alsop e Keith (2001) defendem que um professor de ciências deve ser um facilitador da aprendizagem e não o único detentor do conhecimento, permitindo que as crianças desenvolvam ideias através da livre discussão e descoberta, em vez de impor ideias através de palestras.

Kadasia (2000) observa que o fracasso do Projeto de Ciências de Nuffield em transmitir a aprendizagem através de abordagens práticas exigiu um novo currículo. Após a conferência de Entebbe em 1971, o Projeto de Ciências Escolares expandiu-se para a África Oriental. Isto aconteceu depois de se ter reconhecido que era necessário um currículo concebido por pessoas com conhecimentos locais. De acordo com Maundu, Muchiri e Sambili (1998: 39), foi decidido que um currículo local desenvolvido na África Oriental poderia funcionar melhor. Assim, o programa foi desenvolvido por um grupo de biólogos de três países da África Oriental (Quénia, Uganda e Tanzânia). O SSP manteve a abordagem exploratória dos alunos, mas retirou alguns dos equipamentos e materiais sofisticados exigidos pelo Nuffield Science Project. Kadasia explica ainda que a Biologia, as Ciências Gerais e as Ciências da Saúde também foram introduzidas para evitar as armadilhas de um currículo fortemente dependente de equipamento e materiais, e para satisfazer as necessidades dos candidatos privados. As Ciências Gerais, a Biologia e as Ciências da Saúde exigiam menos colocações do que a Biologia.

As ciências gerais já estavam a ser oferecidas aos alunos africanos antes e pouco depois da independência. Os SSP de Biologia, Biologia e Biologia Geral tinham componentes teóricas e práticas. No entanto, a parte prática do SSP não pôde ser examinada. Enquanto a Biologia SSP se destinava às escolas que podiam comprar aparelhos e equipamento - principalmente escolas nacionais e provinciais - a Biologia Geral destinava-se às escolas que não podiam comprar aparelhos e equipamento. As ciências da saúde eram ensinadas de forma teórica, sem parte prática. Foi substituída pela biologia humana em meados de 1979 (Kadasia 2000). O problema da qualidade do ensino da biologia e de outras disciplinas científicas tornou-se um problema, uma vez que poucas actividades práticas eram incluídas no currículo, o que obrigou à criação do Comité Nacional para a Educação e Política em 1975 para estudar o problema. O comité concluiu que a qualidade das ciências e da matemática se tinha deteriorado em todo o sistema de ensino formal, devido ao aumento do número de alunos e à falta de recursos (República do Quénia, 1976; 66). O comité sugeriu que o PCAS fosse encorajado a aumentar a sua capacidade de produzir equipamento científico para o sistema de ensino formal. Recomendou também o desenvolvimento de um sistema de ensino com maior ênfase nas disciplinas técnicas, que responderia melhor às necessidades do país. O currículo de biologia do ensino secundário (disciplina principal: biologia), inalterado desde a independência, foi abolido na sequência do relatório da Task Force Presidencial sobre a Segunda Universidade do Quénia (República do Quénia, 1981). Esta comissão foi criada pelo Presidente para examinar as deficiências do sistema 7-4-2-3, que era demasiado académico e produzia licenciados que se esperava que trabalhassem principalmente na indústria, o que não era bom para o Quénia. O relatório levou à abolição do SSP e à criação de dois cursos de biologia - biologia e ciências biológicas.

O conteúdo era o mesmo em ambas as disciplinas, mas a diferença era que as ciências da vida envolviam menos actividades práticas do que a biologia. Ao introduzir as ciências da vida a par da biologia, o governo pretendia permitir que as escolas com instalações e recursos limitados pudessem oferecer aos seus alunos estudos biológicos através das ciências da vida.

O sistema educativo 8-4-4, com a sua ênfase numa abordagem prática do ensino e da aprendizagem da biologia, exigia uma abundância de recursos e de pessoal. Um grupo de trabalho presidencial sobre a educação e a formação da força de trabalho para a próxima década e mais além deveria abordar os desafios em termos de recursos e de pessoal. Este grupo foi designado por Comissão Kamunge. A Comissão Kamunge deveria examinar a educação e a formação a nível nacional para a próxima década e mais além, e apresentar propostas para a partilha de custos como estratégia de financiamento da educação e da formação a todos os níveis do ensino formal. A comissão constatou que o sistema de ensino 8-4-4 tinha gerado uma grande procura de instalações e equipamentos educativos, o que tinha aumentado as despesas públicas (República do Quénia, 1988:32). Recomendou uma estratégia de partilha de custos para o fornecimento de instalações e equipamento pelas comunidades e pelos pais. O resultado foi que o governo formou e pagou apenas os professores (República do Quénia, 1988), enquanto os pais tiveram de fornecer às escolas os materiais de ensino e aprendizagem.

Uma avaliação formativa efectuada pelo KIE em 1990, na sequência de queixas de professores e alunos sobre o excesso de disciplinas no currículo, levou a uma redução do conteúdo e à eliminação de áreas difíceis. O currículo de biologia e ciências da vida foi revisto e introduzido nas escolas em 1992 (Kadasia, 2000). Outras queixas incluíam a insuficiência de materiais de ensino e aprendizagem e o número de disciplinas consideradas pelos candidatos como demasiado importantes para uma aprendizagem efectiva.

As queixas levaram à criação de outra comissão - a Comissão Koech - em 1998, que emitiu as suas recomendações em 2000 (República do Quénia, 2000). O principal objetivo da Comissão Koech era examinar o sistema de ensino e recomendar medidas para melhorar o seu conteúdo. A KIE foi então encarregada pela Comissão de efetuar estudos fundamentais sobre o ensino primário e secundário em termos de conteúdo e de relação custo-eficácia das disciplinas oferecidas. O estudo de 1999 identificou as seguintes áreas problemáticas: conteúdo vasto, demasiadas actividades práticas e conceitos difíceis e abstractos. A Comissão considerou que não era necessário ensinar os programas de biologia e de ciências da vida separadamente, mas que apenas o programa de biologia deveria ser ensinado em todas as escolas secundárias. Com efeito, os dois programas são essencialmente idênticos, com exceção das actividades menos práticas propostas nas ciências biológicas. A Comissão propôs uma racionalização dos programas de biologia e de ciências da vida, de modo a que um único programa de biologia fosse leccionado em todos os estabelecimentos de ensino secundário até 2002. Esta medida tinha por objetivo colmatar a falta de professores de biologia e evitar a duplicação de cursos de biologia. A única escola não afetada por esta alteração curricular foi a Escola para Cegos de Thika, que foi autorizada a oferecer biologia a crianças cegas, uma vez que a biologia era vista como uma alternativa mais simples para os deficientes visuais. O currículo de biologia foi revisto pelo Instituto de Educação do Quénia (KIE, 2002), o que levou à introdução de um novo currículo para biologia e outras disciplinas em 2003. Em 2008, o KIE reintroduziu a opção "Ciências Naturais Gerais" com o objetivo de oferecer biologia a um custo mais baixo aos alunos que não estavam destinados a carreiras científicas e de melhorar os seus resultados em ciências. A opção "Ciências Naturais Gerais" é oferecida aos alunos que fazem o exame desde 2010.

Os resultados do exame KCSE em biologia continuam a flutuar com as alterações na definição dos exames de biologia e com as mudanças no currículo, como demonstram os numerosos relatórios do Conselho Nacional de Exames do Quénia (KNEC 2000, 2007). De acordo com uma análise do Conselho Nacional de Exames do Quénia (KNEC, 2000), a nota média obtida em biologia em 2000 foi a mais baixa desde 1997. Em 2007, os resultados de biologia baixaram devido à introdução de fotografias em vez de espécimes reais, numa tentativa de reduzir a fraude nos exames (KNEC, 2007). Entre as razões relatadas (KNEC 2000, 2007) como tendo contribuído para estes resultados insatisfatórios estão a falta de recursos e a utilização inadequada dos limitados recursos disponíveis.

1.2 Apresentação do problema

Os maus resultados em biologia no Kenya Certificate of Secondary Examination (KCSE) no distrito de Siaya e no Quénia em geral, em comparação com outras disciplinas científicas, podem dever-se aos métodos de ensino, segundo vários autores (Fred, 1986; Alsop, & Keith, 2001). Segundo eles, em muitas escolas, o conhecimento científico é sobretudo "dado" em vez de "descoberto". Isto refere-se aos métodos expositivos utilizados por muitos professores, em oposição a uma abordagem prática em que os alunos descobrem factos e conceitos. O Ministério da Educação, que realizou um estudo de base sobre os maus resultados em biologia no Quénia em 1998, em colaboração com a Agência de Cooperação Internacional do Japão, responsabilizou este método pelos maus resultados do KCSE em biologia no distrito de Siaya e no Quénia em geral. A nota média em biologia nos cinco anos anteriores ao início da formação contínua dos professores do distrito (INSET) é baixa (5:47), comparada com a nota média obtida nos cinco anos seguintes à formação contínua (6:25). Com a introdução do ensino secundário subsidiado no Quénia em 2008, o número de alunos no distrito de Siaya aumentou enormemente, colocando um pesado fardo na utilização dos recursos de ensino e aprendizagem da biologia. O SMASSE está empenhado em promover uma aprendizagem de qualidade através da utilização de recursos de ensino e aprendizagem e em formar professores na utilização de recursos de ensino e aprendizagem, a fim de melhorar os resultados em ciências e matemática no distrito e em todo o país. A falta de recursos e o ensino inadequado têm sido responsabilizados pelos maus resultados em biologia no país (SMASSE Grundlagenstudien, 1998).

Quadro 1.1: Resultado médio de biologia (KCSE) antes e depois do INSET 19992008

Ano	Pontuação média	Média	Período
1999	5.20		
2000	5.21		
2001	5.93	5.47	Antes do INSET
2002	5.48		
2003	5.55		
2004	6.59		
2005	6.45		
2006	6.32		
2007	5.76		
2008	6.10	6.25	Depois do INSET

Fonte: Gabinete do WD em Siaya (2008).

A tabela acima mostra um aumento de 0,78 na nota média em biologia nos períodos após o INSET em comparação com o mesmo período antes do INSET. Registou-se um aumento significativo da nota média de 5,55 em 2003 (o último ano antes do INSET) para 6,59 em 2004 (o primeiro ano do INSET), um aumento da nota média de 1,04. Estes aumentos podem dever-se a uma utilização alargada dos recursos, uma vez que os professores receberam formação contínua. A tabela também mostra que, apesar da utilização extensiva de recursos, a pontuação média para o distrito caiu algumas vezes (20052007). Tendo identificado as deficiências, o investigador empreendeu um estudo para determinar o impacto da utilização dos recursos de ensino e aprendizagem da biologia no desempenho académico dos alunos do ensino secundário no distrito de Siaya.

1.3 Objectivos da investigação

Os objectivos deste inquérito eram os seguintes

i.   Estudo dos tipos de recursos utilizados para o ensino e aprendizagem da biologia nas escolas secundárias do distrito de Siaya.

ii. Determinar em que medida os recursos biológicos foram utilizados no processo de ensino e aprendizagem nas escolas acima mencionadas.

iii. Identificar os desafios associados à utilização dos recursos biológicos pelos professores e alunos.

iv. Estudar a relação entre os recursos de ensino e aprendizagem e os resultados académicos dos alunos.

1.4 Questões de investigação

As seguintes questões de investigação foram formuladas pelo investigador para orientar o estudo:

i. Que tipos de recursos estão disponíveis para o ensino da biologia nas escolas secundárias do distrito de Siaya?

ii. Em que medida os recursos disponíveis nas escolas secundárias de Siaya são utilizados no processo de ensino e aprendizagem?

iii. Que desafios enfrentam os professores e os alunos quando utilizam ferramentas de ensino e aprendizagem da biologia no processo de ensino e aprendizagem?

iv. Qual é a relação entre a utilização dos recursos biológicos e os resultados académicos nesta disciplina?

1.5 Importância do estudo

Este estudo será importante para determinar e fornecer recomendações aos educadores, professores, investigadores, estudantes e outras partes interessadas sobre a forma de abordar a questão da utilização de ferramentas de ensino e aprendizagem da biologia nas escolas secundárias. Para que os alunos melhorem os seus resultados no Exame do Certificado do Ensino Secundário do Quénia (KCSE), terão de utilizar frequentemente os recursos de ensino e aprendizagem durante o processo de aprendizagem. Utilizarão também os recursos disponíveis para uma aprendizagem individualizada e deixarão de confiar exclusivamente no professor como fonte de conhecimentos científicos.

Os professores de biologia devem basear-se nas evidências e tomar as medidas adequadas para garantir que a aprendizagem baseada em recursos seja incentivada. Assim, pela forma como integram os recursos no seu ensino quotidiano da biologia, criarão um ambiente de aprendizagem favorável e encorajarão a aprendizagem através do questionamento e não do ensino. Actuarão mais como mediadores do que como transmissores de conhecimentos.

O Ministério da Educação é um ator importante na formação dos licenciados em biologia. Os resultados ajudá-los-ão a garantir que os licenciados em biologia adquiram competências educativas relevantes e uma atitude positiva em relação ao ensino da disciplina. Isto, por sua vez, incentivará as universidades a adaptar os cursos de ciências às necessidades dos estudantes do ensino secundário e permitirá uma aprendizagem significativa nas escolas secundárias. Outras partes interessadas, como o Instituto de Educação do Quénia (KIE), que forma professores no fabrico, reparação e manutenção de materiais didácticos de biologia, também estarão interessadas em saber como os recursos são melhorados. Os resultados também serão úteis para os District Quality Assurance Officers (DIQASO), que aconselham os professores nas suas escolas sobre a utilização dos recursos, para que saibam quais as áreas a que devem dar prioridade nos seminários e workshops para professores.

1.6 Âmbito e limitações do estudo

O estudo centrou-se num distrito - o distrito de Siaya - e os resultados não reflectirão inteiramente os problemas encontrados em todas as escolas do Quénia. Como se tratou de um estudo exploratório, os resultados devem ser considerados apenas como uma indicação de possíveis tendências e não como uma avaliação ou conclusão definitiva. Apenas os alunos da turma 2 participaram no estudo e não uma amostra de todos os alunos de todas as turmas.

1.7 Hipóteses de estudo

O inquérito baseou-se nos seguintes pressupostos:

i.   os directores das escolas e os chefes dos departamentos de biologia dão aos professores o apoio de que necessitam para ensinar biologia.

ii. que os manuais de biologia e outros instrumentos utilizados nas escolas secundárias do distrito de Siaya no âmbito do programa 8-4-4 são essencialmente os mesmos.

iii. Os inquiridos participaram de livre vontade, sem receio, favorecimento, parcialidade ou preconceito.

iv. os professores de biologia estejam familiarizados com o manuseamento e a utilização dos instrumentos pedagógicos recomendados para o ensino da biologia no nível secundário.

v.   O investigador teve acesso ilimitado a todos os recursos didácticos disponíveis para observação nas escolas secundárias estudadas.

1.8 Quadro teórico

Este estudo baseia-se na teoria dos constructos mentais de Piaget (Piaget, 1959). De acordo com Piaget, as construções mentais são desenvolvidas através de experiências no ambiente. De acordo com esta teoria, a criança deve experimentar e manipular objectos e substâncias materiais para, mais tarde, desenvolver capacidades de raciocínio. Gagne (1985), um dos defensores desta teoria, afirma que a utilização de diferentes materiais didácticos pelos alunos é de importância vital para o processo de aprendizagem, uma vez que motiva os alunos e mantém o seu interesse pelo ensino.

Segundo Orlich (2001), a justificação teórica para a utilização de recursos reside na

sua capacidade de concretizar a situação de aprendizagem. O quadro teórico enfatiza

a importância dos recursos didácticos e pedagógicos no processo de ensino e, como

refere Marx (1971), a teoria é constituída por três representações simbólicas;

a)   Relação observada entre variáveis independentes e dependentes.

b)   Mecanismos ou estruturas que se supõe estarem subjacentes a esta relação.

c)   Relações derivadas e mecanismos subjacentes que supostamente explicam os

        dados observados quando não existe uma manifestação empírica direta da

        relação

A teoria fornece, assim, uma base para o estudo dos efeitos da utilização dos recursos

de ensino e aprendizagem (variável independente) no desempenho académico dos

estudantes (variável dependente). Tem em conta os mecanismos envolvidos no

estudo (factores do professor e do aluno) como variáveis externas. O resultado final

da interação é uma mudança duradoura no comportamento do aluno.

1.9 Quadro concetual

A aprendizagem baseada em recursos contribui para a individualização do ensino e,

de acordo com Bass e Contact (2005), este estado permite que os alunos desenvolvam

competências processuais e explorem todo o seu potencial. O nível mais elevado de

desempenho do aprendente, de acordo com a taxonomia de Bloom (1956) dos

objectivos de aprendizagem, é a avaliação. Esta é a capacidade de utilizar critérios

para avaliar afirmações. Para atingir este estado, é necessário que haja um ensino e

uma aprendizagem eficazes. Orlich (2001) sugere que as instruções devem ser

sequenciadas para atingir este nível. A sequenciação tem dois objectivos

fundamentais.

A primeira consiste em isolar um conhecimento (um facto, um conceito, uma generalização ou um princípio) para ajudar os alunos a aprender e a compreender as suas características únicas, um processo de pensamento ou ajudar os alunos a dominá-lo em diferentes condições, tornando o processo de aprendizagem mais fácil de gerir. Em segundo lugar, ajuda a colocar a informação num contexto mais amplo, o que torna a aprendizagem mais significativa.

Mintzes, Wandoersee e Norak (1998) consideram que a aprendizagem tem lugar de duas formas diferentes: A aprendizagem à distância ocorre quando os alunos não fazem qualquer esforço para associar novos conceitos e frases a conhecimentos prévios relevantes, enquanto a aprendizagem significativa ocorre quando os alunos tentam associar novos conceitos e frases a conceitos e frases relevantes existentes na estrutura cognitiva. De acordo com Mintzes, Wandoersee e Norak (1998), existe um continuum entre a aprendizagem mecânica e a aprendizagem altamente significativa, dependendo o grau desta última da quantidade de conhecimentos de que o aprendente dispõe, da qualidade da organização dos conhecimentos relevantes e do grau de esforço efectuado pelo aprendente para integrar novos conceitos e frases com os já existentes.

Fig. 1.1: Como a utilização dos recursos biológicos determina o desempenho escolar

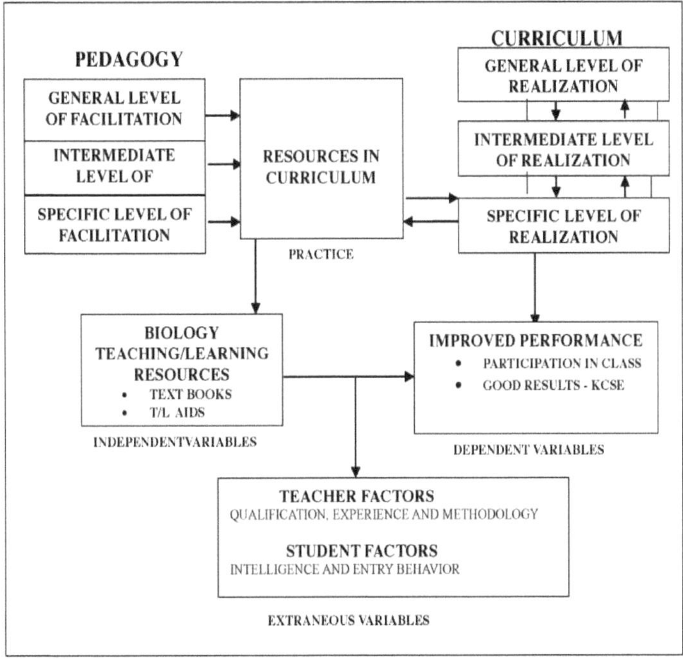

Fonte: Walton e J. Ruck (1975)

O quadro concetual acima apresentado mostra que os alunos só podem obter bons resultados se :

a) As escolas fornecem recursos que os alunos podem utilizar.

b) Existe um programa de estudos que prevê mais tempo para os exercícios práticos do que para as aulas teóricas.

c) Os professores utilizam frequentemente recursos no seu ensino.

d) Os alunos estão motivados para utilizar os recursos colocados à sua disposição.

1.8.2 Ensinar com material didático e pedagógico de biologia

O diagrama acima mostra que o nível geral de apoio permite ao professor atingir apenas a maioria dos objectivos gerais, como a leitura, a escrita, a aritmética e o desenvolvimento pessoal dos alunos. O nível intermédio de apoio indica os conteúdos curriculares que devem ser abordados para atingir os objectivos gerais. O nível de apoio específico trata da realização de características específicas, como os objectivos de ensino, que são alcançados no final da aula. O recurso é uma unidade concreta e pode ser utilizado numa situação em que os alunos interagem com o recurso e os professores actuam como facilitadores. Os alunos utilizam os recursos para criar e descobrir conhecimentos, interagem uns com os outros para partilhar as suas experiências e pedem ajuda aos professores em caso de dúvida.

1.8.3 Programa de estudos

De um modo geral, é possível atingir um nível médio e específico de implementação do currículo, consoante o apoio seja geral, médio ou específico. Um nível específico de implementação é importante para que os alunos aprendam eficazmente, e podem fazê-lo se forem focados e disciplinados, tiverem um elevado nível de concentração e forem capazes de individualizar a aprendizagem. Em conjunto, o professor e o aluno devem desempenhar um papel importante no processo de aprendizagem. As qualificações, a experiência e os métodos de ensino do professor são importantes para atingir este objetivo.

Para a implementação do currículo, os três níveis são abstracções que fornecem a lógica que dá sentido ao encontro prático através do qual ele se desenvolve. No ensino, os efeitos fazem-se sentir tanto na realização de objectivos curriculares mais elevados nos níveis intermédio e geral, como indicam as setas descendentes, como na contribuição para o desenvolvimento desses objectivos, como indicam as setas ascendentes. O limite teórico do modelo é atingido quando os três níveis de utilização estão totalmente envolvidos numa determinada situação. Quando o limite é atingido, as actividades e práticas curriculares utilizam plenamente o potencial do recurso, atingindo e desenvolvendo assim os objectivos curriculares.

1.8.4 Professores

Mintzes, Joel, Wandoersee e Norak (1998) referem que o contexto em que os professores aprendem biologia deve ser real, ou seja, devem criar um contexto adequado para o seu próprio ensino e procurar outras experiências, como investigações no terreno e em laboratório e oportunidades de investigação, e trabalhar para integrar a "aprendizagem livresca" com os conhecimentos, competências e atitudes adquiridos através destas experiências.

Os professores devem planear bem o seu próprio currículo e organizar os tópicos de modo a que os novos conhecimentos se baseiem facilmente na aprendizagem anterior, e dominar uma série de estratégias para ajudar os alunos a reestruturar a sua compreensão científica. Devem também apoiar e implementar estratégias de avaliação que promovam uma aprendizagem significativa, para que o aluno atinja o objetivo de aprendizagem de se tornar um fornecedor académico de alto nível.

1.8.5 Alunos

A boa utilização dos recursos pelos alunos exige disciplina, concentração, interação com outros alunos e capacidade de improvisar novos materiais. Os alunos também precisam de ser inovadores. A tónica deve ser colocada na individualização da aprendizagem e o papel do professor deve ser o de facilitador e não o de transmissor de conhecimentos.

De acordo com Marton e Saljo (1976), a falta de recursos não significa que se aprenda apenas de forma mecânica. Distinguem os tipos de aprendizagem utilizando os termos "superficial" e "profunda". A aprendizagem superficial pode ser associada ao que é quase aprendido de cor ou a um nível muito baixo de aprendizagem significativa. A aprendizagem profunda significa que os alunos relacionam os seus conhecimentos prévios com o que estão a aprender e respondem corretamente às perguntas. Acrescentam ainda que o desempenho resultante destes níveis de aprendizagem é diferente, sendo que um nível baixo de aprendizagem conduz a um desempenho inferior, enquanto um nível elevado de aprendizagem conduz a um desempenho elevado.

1.8.6 Resumo do quadro concetual

O quadro concetual mostra que o nível de desempenho é determinado pela medida em que os alunos interagem com o professor e com os recursos de ensino e aprendizagem. Sublinha igualmente a necessidade de um currículo que apoie a aprendizagem baseada em recursos, a fim de alcançar os objectivos curriculares. A interação com os recursos exige disciplina, participação, concentração e competência, tanto por parte dos alunos como dos professores, para se atingirem níveis elevados de desempenho. Wenglinsky (2002) escreve que o desempenho dos alunos melhorará se os padrões académicos forem elevados e o currículo e as avaliações estiverem alinhados com esses padrões, enquanto os professores têm a capacidade de ensinar ao nível exigido pelos padrões.

1.10 Definição operacional dos termos

Os seguintes termos aparecem neste estudo e são utilizados para ilustrar os significados pretendidos, conforme indicado abaixo:

Desempenho académico: o desempenho nas aulas é avaliado por um exame escrito de uma disciplina.

Domínio: localização física onde os recursos podem ser armazenados e processados.

Biologia: ramo da ciência que se dedica ao estudo dos organismos vivos.

Coleção: conjunto de recursos normalmente classificados e indexados para fins de investigação.

Variáveis dependentes: Atributos que variam de acordo com as mudanças no ambiente. Neste estudo, o desempenho académico dos alunos é uma variável dependente porque depende da utilização dos recursos de T/L (ambiente), que neste caso é uma variável independente.

Escolas de bairro: escolas que seleccionam os seus alunos com base na localidade ou na zona de captação e que são geralmente escolas que funcionam durante todo o dia.

Ambiente: o ambiente da sala de aula que apoia a aprendizagem quando os seus recursos são utilizados no processo de ensino.

Equipamento ou aparelhos: os materiais mais ou menos duráveis utilizados para experiências e demonstrações.

Variáveis externas: Atributos ligados às variáveis fiáveis e que as influenciam, mas que não fazem parte do estudo.

Actividades práticas**:** actividades práticas realizadas principalmente com as mãos enquanto os alunos as manipulam durante uma aula.

Improvisação: produção de materiais de ensino e aprendizagem quando os materiais produzidos comercialmente não estão disponíveis, são insuficientes ou demasiado caros para serem adquiridos.

Variáveis independentes: Estes são atributos que não mudam ou são influenciados por factores externos ao ambiente. Neste estudo, os recursos biológicos T/L são as variáveis independentes.

Centro de recursos de aprendizagem: um ambiente individualizado que incentiva os alunos a utilizarem uma variedade de materiais e recursos didácticos para participarem em actividades de aprendizagem variadas e assumirem uma maior responsabilidade pela sua aprendizagem.

Escolas nacionais: estas escolas seleccionam os seus alunos de toda a República.

Meios de organização: manipulação do ambiente de aprendizagem para alterar ou modificar situações de aprendizagem, por exemplo, disposição do mobiliário, alterações de horários, etc.

Biologia fundamental; o programa de biologia proposto aos alunos do último ano do ensino secundário.

Referência ao processo: a forma como os cientistas pensam sobre a natureza, o tipo de questões que colocam e os métodos que utilizam para tentar encontrar respostas a essas questões.

Escolas provinciais: escolas que seleccionam 85% dos seus alunos no distrito e 15% na província.

Fonte de referência: uma fonte passiva de informação, como uma enciclopédia, que é simples e pode ser utilizada por qualquer pessoa.

Recurso - Qualquer objeto vivo ou inanimado utilizado no processo de ensino e aprendizagem.

Aprendizagem baseada em recursos: uma situação em que a aprendizagem é, pelo menos em parte, organizada pelo próprio aprendente e em que este tem o seu próprio plano de trabalho individual.

Ciência: um conjunto coerente de conceitos e esquemas conceptuais desenvolvidos a partir de experiências e observações.

Ciências naturais: ciências de base frequentadas pelos estudantes do ensino secundário, por oposição às ciências da terra. As ciências de base aqui consideradas são a biologia, a química e a física.

Equipamento didático: equipamento que pode ser utilizado por um professor para melhorar ou alargar o seu ensino. Pode também incluir serviços de apoio ao pessoal, como equipamento de reprografia. Uma fonte torna-se material didático quando é fisicamente utilizada para apoiar o ensino.

Utilização: o ato ou processo de utilizar um recurso para fins de ensino e aprendizagem.

CAPÍTULO DOIS

REVISÃO DA LITERATURA

2.1 Introdução

Este capítulo analisa a literatura pertinente sobre a utilização dos recursos biológicos

e o impacto resultante no desempenho, sob as seguintes perspectivas

a) Importância dos recursos.

b) A importância dos recursos no processo de ensino e aprendizagem.

c) Tipos de recursos biológicos.

d) Utilização dos recursos.

e) Desafios relacionados com a utilização dos recursos.

f) Desempenho devido à utilização de recursos.

2.2 Importância dos recursos

Os recursos podem ser definidos na sua forma restrita ou na sua forma mais completa, consoante a sua utilização. Na linguagem educativa atual, a palavra recursos é frequentemente utilizada num sentido mais restrito para designar objectos ou dispositivos que são acrescentados a uma oferta existente ou obtidos através da reestruturação de uma situação existente (Davies, 1975). Num sentido mais lato, de acordo com Davies, os recursos podem ser entendidos como tudo o que está presente na escola ou no seu ambiente e que pode apoiar o ensino e a aprendizagem. Podem incluir pessoas de várias formas, edifícios e o seu ambiente, instalações físicas, objectos, equipamento e até medidas resultantes de uma mudança numa dada situação. Hanson (1975) define recursos como tudo o que é utilizado para satisfazer uma necessidade educativa. Os edifícios, o pessoal, o equipamento, as ideias e os materiais estão incluídos nesta definição. Neste sentido, concorda com Beswick (1977), que acrescenta à lista os arredores da escola, os parques nacionais, os museus, as bibliotecas e outros espaços que contribuem para as actividades educativas. Owen (1973) é ainda mais abrangente e não só enumera todos os elementos acima referidos, como também indica que um recurso importante é a organização do tempo e a determinação, que contribuem para promover a aprendizagem. O presente estudo resume as definições anteriores e define recurso como qualquer objeto vivo ou inanimado utilizado no processo de ensino ou aprendizagem. A categoria "vivo" inclui pessoas ou pessoas-recurso no processo de aprendizagem. Os componentes inanimados incluem lugares, actividades, ideias, equipamento material, edifícios e tempo. Inclui recursos comunitários (pessoas, lugares, actividades e elementos reais), bem como ferramentas pedagógicas, tais como meios de comunicação (projectados ou não), materiais, equipamento e outras instalações.

2.3 A importância da utilização de recursos no ensino e aprendizagem da biologia no ensino secundário

Victor (1975) sugere que as crianças devem adotar uma abordagem de exploração e descoberta no ensino da biologia, em vez de uma aprendizagem mecânica. A biologia é uma disciplina científica e é melhor ensinada utilizando recursos. Parkinson (1994) reconhece o papel dos artigos de jornal, dos folhetos a cores, dos relatórios de desastres ambientais e de novas invenções no processo de aprendizagem, afirmando que estes fornecem material de estímulo útil para o ensino e ajudam os alunos a refletir sobre a forma como devem fazer juízos com base nesses relatórios. Alguns autores consideram a utilização de determinados recursos como um método de aprendizagem eficaz e que permite poupar tempo. É o caso de Robler e King (1988), que consideram que um aumento de cerca de 10% no tempo de aprendizagem é um ganho significativo quando se utilizam aplicações informáticas como a instrução assistida por computador. Hughes e Hughes (1966) consideram que as crianças pequenas, mais interessadas em objectos e actividades concretas do que em ideias, são mais propensas a participar quando há algo para ver, provar, tocar ou cheirar. Beswick (1977) cita oito razões pelas quais a aprendizagem baseada em recursos é eficaz.

a) Substitui a passividade essencial dos alunos na sala de aula por um modo de aprendizagem ativo que gera interesse e empenho.

b) Aumenta a motivação dos alunos, oferecendo-lhes múltiplas possibilidades em termos de temas, métodos de trabalho e meios de comunicação, ao contrário do ensino presencial, em que todos têm de aprender uma coisa de uma só maneira.

c) Permite que os alunos trabalhem ao ritmo que mais lhes convém, em vez de progredirem ao ritmo normal da turma.

d) Permite uma utilização mais flexível do tempo e do espaço disponível, tanto dentro como entre disciplinas.

e) Ajuda-o a reagir melhor a uma mudança de atitude em relação à autoridade.

f) Leva os alunos a desenvolverem a sua auto-confiança e a sua capacidade de aprender.

g) O seu objetivo é dar aos alunos uma visão geral de uma vasta gama de fontes de informação, tais como pessoas, edifícios e associações, material impresso e

As bibliotecas e o material visual fazem parte de uma série de actividades protegidas que complementam a aprendizagem do aluno enquanto indivíduo.

Beswick explica ainda que uma oferta suficiente de auxiliares devidamente classificados torna supérfluo o progresso passo a passo, uma vez que evita que os alunos adoptem um único ponto de vista e dá aos professores a oportunidade de individualizar a aprendizagem. Se isto acontecer, acrescenta, cada vez mais alunos atingirão mais e mais objectivos. Orlich (2001) considera que os alunos aprendem melhor quando as actividades de ensino são sequenciadas, ou seja, os conhecimentos são apresentados em etapas cuidadosamente calendarizadas, geralmente começando com um passo simples, aumentando a sua complexidade e acabando por introduzir a abstração. A utilização de material de recurso ajuda neste aspeto, uma vez que a aprendizagem passa do conhecido para o desconhecido. A Figura 2.1 abaixo mostra um modelo visual da técnica.

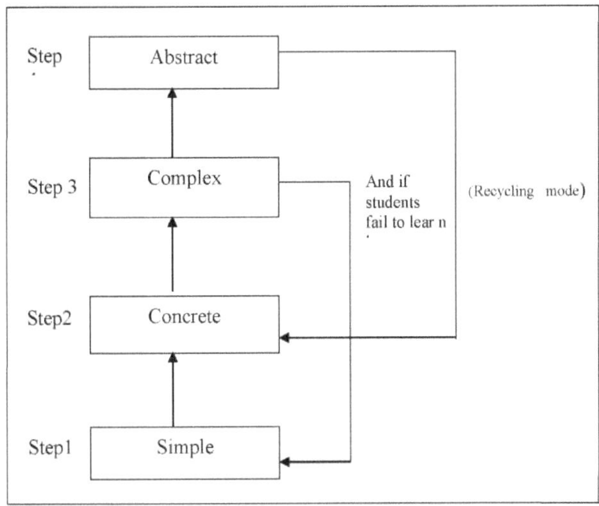

Fig. 2.1: Hierarquia do sucesso dos estudantes
Fonte: Orlich (2001)

Fase 1
Durante esta fase, o professor reestrutura a aula de modo a que os alunos possam

compreender características facilmente identificáveis do contexto. Uma analogia pode ser usada para comparar um exemplo conhecido e visto, como um rio, com a corrente sanguínea humana, que é muito abstrata.

Passo 2

O segundo princípio é a utilização de exemplos concretos. Aqui, são utilizados materiais, simulações, modelos ou artefactos para ilustrar o facto, o conceito ou a generalização. Trata-se de uma fase de aprendizagem direta, em que o aprendente tem um contacto sensorial imediato com a realidade. Outras formas incluem exposições, experiências artificiais, demonstrações, projectos, trabalhos de laboratório, excursões, passeios e encontros com o ambiente. No exemplo acima, retirado da biologia, poderíamos mostrar-lhes um corpo humano de plástico em frente à sala de aula, chamar a atenção para as artérias e discutir como elas se assemelham a grandes rios.

Passo 3

O terceiro princípio é tornar a lição mais complexa. São acrescentadas variáveis adicionais, ajudando os alunos a estabelecer a ligação entre o abstrato (o sistema circulatório humano) e o concreto (fluxo). Este método de ensino cria um novo conjunto de critérios - uma analogia que ajuda os alunos a relacionar o conhecido com o desconhecido. Esta relação torna a aula não só interessante, mas também interactiva e realista. De seguida, o professor acrescenta um órgão após o outro e explica as funções dos órgãos acrescentados.

Passo 4

Finalmente, o quarto princípio consiste em introduzir abstracções. Pode fazê-lo através de uma pergunta. No exemplo de biologia acima, podemos perguntar porque é que o médico começa o exame de um doente medindo a sua tensão arterial e monitorizando o seu ritmo cardíaco. Mais uma vez, pode ser necessário voltar aos passos anteriores e referir que um rio bloqueado exerce pressão sobre as margens e que isso é semelhante ao que acontece quando uma veia ou artéria está bloqueada, ou pode referir que a saúde de um ecossistema pode ser determinada através da procura de poluentes no sistema hídrico, o que é semelhante ao que uma análise ao sangue faz.

Os quatro passos ou princípios de sequenciação acima mencionados são úteis na medida em que proporcionam uma progressão lógica para a aprendizagem. No entanto, são interactivos, na medida em que pode ser necessário voltar à etapa anterior para explicar a ideia em discussão.

A progressão da aprendizagem acima descrita é mais bem ilustrada através da utilização de recursos e é um método indutivo de aprendizagem, em que o raciocínio vai do específico para o geral, ao contrário da maioria dos métodos expositivos, em que a aprendizagem é dedutiva, uma vez que vai do geral para o específico. Carin, Bass e Contact (2005) apoiam este método de ensino e referem que os professores devem estar preparados para recorrer a actividades dos alunos ou a métodos de ensino explicativos.

2.4 Tipos de recursos

Vários autores classificaram os recursos de diferentes formas, de acordo com a sua utilização, a sua capacidade de aprendizagem e a sua sofisticação técnica.

2.4.1 Recursos utilizados nas escolas

Bennars e Otiende (1994) dividem os tipos de recursos em três grupos:

a) Meios visuais, ou seja, materiais que apelam ao nosso sentido da visão, tais como objectos tridimensionais, modelos e espécimes, materiais impressos, quadros de giz de todos os tipos, todos os tipos de quadros fixos e móveis, quadros de feltro e quadros de avisos, imagens fixas e gráficos.

b)   aparelhos áudio que utilizam o sentido da audição e incluem rádios, gira-discos e gravadores.

c)   Os meios audiovisuais são instrumentos didácticos que utilizam tanto a audição como a visão, e incluem o cinema e a televisão.

Na sua opinião, estes materiais podem ser manipulados pelos aprendentes durante o processo de aprendizagem. De acordo com Davies (1975), a melhor forma de classificar os materiais de aprendizagem é do ponto de vista do utilizador subsequente. Classifica-os hierarquicamente de acordo com a sua eficácia de aprendizagem, ou seja, a sua capacidade de apoiar os aprendentes na sua aprendizagem. Do mais fraco para o mais forte, classifica-os da seguinte forma:

i .) Latentes - Estes recursos são potencialmente úteis, mas apenas se utilizados com ou aplicados a um recurso portador de informação. Um exemplo é um gravador sem fita de gravação, uma serra ou uma barra de metal.

ii .) Passivo - Nesta classificação, os recursos contêm informação, mas não estão especificamente organizados para facilitar a pesquisa e a utilização por uma determinada pessoa.

iii .) Activos - A informação contida nestes recursos está organizada de forma a poder ser utilizada por pessoas ou grupos específicos de pessoas, diretamente ou através de um intermediário. São exemplos os tutoriais, *um* conjunto de notas de professores ou fichas de trabalho.

Como forma de determinar o potencial de aprendizagem, cada recurso pode também ser classificado de acordo com o seu conteúdo ou tipo de suporte. Ellington (1985) divide os recursos em sete grupos, por ordem crescente de sofisticação técnica, como se segue:

a)   Material impresso e reproduzido

Estes recursos podem assumir diferentes formas, tais como folhetos de biologia, fichas de trabalho, materiais de estudo individual e materiais de recurso para exercícios de grupo. Os professores podem também encontrar livros didácticos, jornais e revistas.

b)   Material de exposição não projetado - Ellington classifica os painéis nesta categoria

Existem muitos tipos de quadros utilizados como ferramentas. Estes incluem quadros de flanela, quadros magnéticos, quadros de avisos e quadros múltiplos. Os quadros de giz, os quadros de marcadores e os quadros de feltro são frequentemente utilizados. Outros quadros, como os quadros de velcro, os quadros magnéticos, os quadros de avisos, os quadros de parede e os cartazes são também utilizados em alguns locais. Os móbiles, ou seja, os objectos bi ou tridimensionais suspensos por um fio no teto de uma sala de aula, os modelos, os dioramas e os objectos reais também fazem parte deste grupo.

c)   Materiais de exposição ainda projectados

Estas ferramentas incluem diapositivos, microformas de tiras de filme (suporte de microimagens), microfichas (folhas transparentes de filme fotográfico com uma matriz de tais imagens), microcartões (folhas opacas com matrizes semelhantes de microimagens). Todas estas microformas podem ser utilizadas para registar imagens individuais de programas de ensino com sequências que servem como bases de dados muito compactas, e as aulas de biologia podem ser estudadas utilizando ampliadores especiais ou projeção.

d)   Equipamento áudio

As emissões de rádio, os discos de gramofone e as cassetes áudio incluem-se nesta categoria. Patel e Mukwa (1993) consideram o professor, os professores e os alunos na sala de aula como fontes valiosas de registos sonoros.

e)   Material áudio e visual relacionado

Este grupo inclui apresentações de diapositivos em fita magnética, tiras de filme com som, programas de rádio-visão, textos em fita magnética, modelos em fita magnética e realia.

f)   Filmes e vídeos

Esta classe inclui todos os meios que permitem a combinação de sinais áudio com sequências visuais animadas, acrescentando outra dimensão às apresentações audiovisuais integradas. As simulações que representam o processo de osmose com movimentos de partículas de água podem ser particularmente cativantes.

As películas de formato estreito são utilizadas regularmente no ensino e na formação há muitos anos e estão disponíveis em vários formatos, sendo a película de 16 mm a mais utilizada, mas as películas de 8 mm e Super 8 mm são também muito utilizadas, uma vez que são muito mais baratas de produzir e projetar. Outros materiais de vídeo incluem loops de filmes, programas de filmes em cassete, programas de televisão, cassetes de vídeo e gravações de discos de vídeo.

g)   Materiais mediados por computador

A informática (TI) é um termo amplo que engloba todos os aspectos da transmissão e do tratamento da informação através da tecnologia e representa o acesso mais recente aos métodos de ensino. Este recurso permite o tratamento de números e de dados. São utilizados vários pacotes para o ensino da biologia. Estes incluem pacotes de substituição de tutores, pacotes de substituição de laboratórios, sistemas informatizados de dados e de aprendizagem e sistemas de vídeo interactivos.

2.3.2 Recursos comunitários

Orwa e Underwood (1986) vêem a utilidade da comunidade local fora da escola para tornar as ideias mais claras para os alunos. Os recursos da comunidade permitem que o aprendente esteja em contacto direto com a realidade das matérias a aprender. O autor classifica os recursos da comunidade em quatro grupos, nomeadamente pessoas, lugares, actividades e coisas, e diz o seguinte sobre eles

a) **Pessoas**

As pessoas enquanto recursos podem ser designadas por pessoa, orador, convidado ou mesmo visitante, consoante o contexto. Podem ser convidados grupos profissionais constituídos por pessoas com conhecimentos específicos, como professores, médicos, enfermeiros, advogados e outros. As pessoas podem ser visitadas no local onde trabalham ou vivem, ou convidadas a vir à aula, o que é sempre o mais fácil.

b) **Localizações**

Os locais como recursos da comunidade podem ser descritos como excursões (de turma, de estudo, de escola ou de campo), viagens ou visitas a muitos locais numa comunidade à volta da escola que possuem instalações que podem ser utilizadas para demonstrar determinadas ideias e conceitos. Zoológicos, parques de animais, museus, mercados, clínicas, lagos, florestas e similares são exemplos. De acordo com Parkinson (1994), uma visita de um dia a um local de interesse científico deve ter como objetivo abrir os olhos dos alunos para que vejam as coisas de uma forma diferente, por exemplo

a) Porque é que a ponte tem esta forma?

b) Como é que as plantas se distribuem no campo?

c) **Actividades ou eventos**

De acordo com Fraser e Walberg (1995), o desenvolvimento de competências de investigação científica desempenhará um papel importante na resolução de problemas. Hughes e Hughes (1966) concluíram que as crianças aprendem através de actividades que apelam aos seus interesses naturais e aprendidos, todos eles decorrentes direta ou indiretamente de tendências, necessidades ou impulsos instintivos. Estas actividades, apresentadas aos alunos por outras pessoas fora da escola, ajudam a desenvolver a curiosidade e a despertar o interesse pela aprendizagem. As actividades na comunidade, tais como representações teatrais, exposições agrícolas, dias de campo, festivais e eventos religiosos, estimulam o interesse e desenvolvem as capacidades e os impulsos necessários à aprendizagem.

d) **Coisas**

As coisas podem ser designadas por objectos, artefactos, coisas reais e espécimes. Tecnicamente, a palavra realia é utilizada para designar os artefactos e as coisas reais que se encontram numa comunidade. Exemplos destes realia são os animais (vivos ou mortos), partes de animais, plantas, ferramentas, antiguidades, alimentos, objectos de arte, etc.

2.3.3 Factores a considerar na escolha dos materiais de ensino e aprendizagem

Beswick (1977) enumera os factores a considerar na escolha dos materiais de ensino.

i) **Precisão**

O material de base deve dar uma imagem razoavelmente precisa do assunto, tanto em termos de factos concretos como de apresentação geral.

ii) Notícias

Deve verificar-se se, nos casos conhecidos, estão incluídas informações mais recentes e em que medida os exemplares anteriores foram revistos. Poder-se-á ter curiosidade em saber se o autor continua a utilizar a classificação dos seres vivos em dois reinos ou o sistema revisto de classificação em cinco reinos. Por vezes, as adições são coladas tal e qual, sem referência ao que foi dito nas secções anteriores.

iii) Autoridade

Trata-se de uma verificação da origem dos objectos. A qualificação do autor, por exemplo, numa tira de filme acompanhada de um folheto ou manual que indique a qualificação do autor ou no caso de universidades ou outras instituições oficiais com interesse de investigação no domínio, constitui uma autoridade.

iv) Apresentação

Deve-se verificar se a ordem é lógica ou relevante para o assunto, por exemplo, num livro, no desenvolvimento de uma ideia ou na apresentação biológica da sequência de desenvolvimento de um inseto, do ovo à larva, à pupa e ao animal adulto. O material em que as diferentes fases são representadas deve ser claro e bem estruturado, e contado de um momento para o outro.

v) Relevância para a apresentação

Há dois níveis que os materiais de recurso devem cumprir para serem seleccionados: se a apresentação é para a disciplina e os alunos e o objetivo em mente.

vi) Nível de vocabulário

Normalmente, um livro ou um objeto não deve estar abaixo do nível de vocabulário das pessoas a quem se destina. Pode sobrecarregar um pouco alguns deles, desde que não os ultrapasse completamente.

vii) Faixa etária

O desenvolvimento emocional e físico dos alunos deve ser tido em conta. Não lhes deve ser dado material que os obrigue a aprender conceitos difíceis para além do seu nível cronológico.

viii) Qualidade técnica

O produto impresso deve ser limpo e as páginas bem colocadas. As ilustrações devem ser colocadas perto do tema que representam. Os diagramas biológicos e as fotografias devem ser coloridos de forma atraente. No caso das lâminas de bolso, deve verificar-se a fragilidade do plástico, para ver se este resiste ao tratamento a que é submetido. Os diagramas biológicos devem ser legíveis à distância. No caso dos filmes, a audibilidade, a qualidade e a adequação da composição da imagem e a imaginação são essenciais.

ix) Disponibilidade

A disponibilidade é um critério de presença e de desempenho dos sistemas reparáveis, que tem em conta tanto a fiabilidade como as características de manutenção de um componente ou sistema. É definida como a probabilidade de o sistema funcionar corretamente quando é chamado a utilizá-lo. Por outras palavras, a disponibilidade é a probabilidade de um recurso funcionar normalmente e não ser reparado quando é necessário utilizá-lo.

x) Conforto

A conveniência consiste em poupar recursos (tempo, energia) e trabalhar de forma eficiente para evitar frustrações. "Conveniência é um termo muito relativo cujo significado muda com o tempo. O que antes era uma conveniência, como um carro, é agora considerado uma parte normal da vida.

Brown e Wragg (1993) indicam que os recursos que utilizamos devem depender do que os nossos alunos precisam de saber, de como precisam de se comportar e do nível de desempenho que precisam de atingir. O professor deve também escolher os recursos de acordo com as capacidades dos alunos e a duração da aula. A decisão deve então ser tomada com base nas condições correctas e na disponibilidade dos recursos.

2.4 Utilização dos recursos

A noção de utilização de recursos é muito mais ampla e refere-se não só à utilização generalizada de recursos pelos professores, mas também ao papel que os recursos desempenham na implementação e desenvolvimento do currículo, ou seja, como são utilizados na prática (Beswick 1977). De acordo com Smith e Keith (1975), existem três formas de os recursos serem utilizados de forma satisfatória na sala de aula:

i)   As necessidades dos estudantes na sociedade.

ii) As exigências académicas do aluno. O material deve ser apresentado de forma adequada, ou seja, o tipo de letra, a disposição, a cor e o tipo de ilustrações devem ser atractivos.

iii) Os materiais utilizados devem ser acompanhados por métodos de ensino adequados, ou seja, a apresentação deve ir ao encontro das necessidades dos alunos. Smith e Keith (1975) vão mais longe e enumeram alguns dos factores que determinam os materiais e equipamentos necessários para uma determinada sala de aula:

a)   Nível da turma.

b)   Localização geográfica.

c)   Manual de ensino, guia de biologia ou livro didático.

d)   disponibilidade de ferramentas na sala de aula.

e)   O engenho do professor.

f) O conteúdo e os métodos referem-se diretamente ao material necessário.

Para que os alunos beneficiem da aprendizagem baseada em recursos, Beswick (1977) considera que é necessário organizar os recursos de forma adequada, uma vez que a sua observação dos alunos revela três agrupamentos:

    i .) estudantes que preferem trabalhar sozinhos

    ii) alunos que preferem trabalhar em grupo.

    iii .) Alunos que preferem a situação normal e querem ser pressionados pelo professor.

Nos casos acima referidos, Beswick prefere uma orientação adequada do professor para permitir uma aprendizagem individualizada como método de ensino, e uma forma em que o professor (aluno), o equipamento e os materiais estejam organizados de modo a que essa pessoa possa explorar todo o seu potencial sem stress ou carga excessivos. Orwa e Underwood (1986) sugerem que os recursos a utilizar na sala de aula não devem exigir equipamento científico dispendioso, e citam alguns:

a.) Materiais - como cartão, madeira e outros

b.) aparelhos - quer sejam fabricados comercialmente ou por professores.

c.) Instrumentos de medição - colheres, baldes e outros.

d.) Artefactos descartados - tomadas eléctricas velhas, peças de automóveis, relógios e lixo.

e.) Obras de referência - livros, revistas

f.) Espécimes naturais - exemplos: folhas e insectos.

Também dão ênfase à improvisação e à participação dos alunos nas tarefas, a fim de fornecer o equipamento ao mais baixo custo. A utilização do ambiente local também é importante para o ensino da biologia, uma vez que é útil para explorar a comunidade local e envolver os alunos. Trowbridge, Leslie, Bybee e Powel (2004) consideram que o ambiente local, que inclui a escola, a casa e a comunidade, aproxima as ideias dos alunos e ajuda-os a aperceberem-se do carácter real da biologia através da observação do ambiente. As observações directas são feitas com cada um dos cinco sentidos - tato, visão, audição, olfato e paladar - enquanto as observações indirectas nos permitem utilizar instrumentos científicos que não podemos observar diretamente, como a temperatura do corpo. Hertem e Jelly (1990) referem que o problema que os jovens têm com a observação é que tendem a olhar para o quadro geral e, por isso, ignoram pormenores potencialmente relevantes. Muitas vezes vêem o que esperam ver e concentram-se mais nas diferenças do que nas semelhanças. À medida que as suas capacidades de observação se desenvolvem, as crianças aprendem a olhar para os pormenores para ver o que está realmente lá e a prestar atenção às semelhanças e às diferenças. O acompanhamento e o apoio rigorosos podem ajudar a evitar este problema. A utilização de recursos aumentou na última década. Hanson (1975) identifica três razões pelas quais os recursos são cada vez mais utilizados como meio de ensino:

    i .) Não é necessária a personalidade do professor entre os alunos e o espetáculo, e o professor também não precisa de estar presente.

    ii Alguns meios de comunicação podem ser atractivos e altamente motivadores.

    iii Alguns materiais permitem que os alunos progridam ao seu próprio ritmo.

Os desafios da utilização dos recursos

De acordo com Lawton, Campbell & Burkitt (1971:116), existem muitos desafios associados à utilização de recursos. O mais importante é que o professor deve estar ciente de todos os recursos de aprendizagem disponíveis, escolher os que são apropriados e orientar os alunos na sua utilização para que recebam a informação correcta. Patel e Mukwa (1993) concordam com os desafios acima referidos, mas acrescentam que uma apresentação adequada e atempada é muito importante para atingir um objetivo de aprendizagem, independentemente da disponibilidade de uma seleção adequada de recursos. De acordo com Orwa e Underwood (1986), o elevado custo dos recursos didácticos e pedagógicos constitui um obstáculo à aprendizagem, sobretudo nas escolas de bairro, que muitas vezes não têm dinheiro.

Os jovens têm problemas quando observam preparações biológicas, nomeadamente quando têm de as comparar. Muitas vezes, prestam mais atenção às diferenças do que às semelhanças (Hertem & Jelly, 1990). Isto pode levar a suposições ou conclusões incorrectas sobre os objectos observados na aula. O elevado custo dos recursos didácticos é um obstáculo à aprendizagem, particularmente em escolas rurais com recursos financeiros limitados, levando Orwa e Underwood (1986) a sugerir que os recursos didácticos não devem incluir equipamento científico dispendioso. Por vezes, a má qualidade dos recursos pode dificultar a consecução dos objectivos de aprendizagem (Brown & Wragg, 1993).

2.6 Desempenho devido à utilização de recursos

Raghubir (1979:16) considera que os recursos para compreender conceitos, reter conceitos ensinados e desenvolver a capacidade de pensar cientificamente são mais úteis do que a abordagem expositiva. De acordo com Saunders (1994), onze por cento da aprendizagem ocorre através do sentido da audição, em comparação com oitenta e três por cento através do sentido da visão, e apenas vinte por cento do que é visto é retido, em comparação com cinquenta por cento do que é visto e ouvido.

Njoga e Jowi (1981:19) sublinham a utilização de recursos que, na sua opinião, ajudam a tornar a aprendizagem interessante, conduzindo a uma melhor perceção, compreensão e retenção do material aprendido. Segundo Driver (1989), a missão da educação na nossa sociedade é educar as crianças para serem criativas e autónomas. Isto implica essencialmente atingir objectivos biológicos.

Um estudo realizado por Mwangi (1985) sobre os factores que influenciam a aprendizagem e o desempenho nas escolas secundárias quenianas concluiu que a disponibilidade de recursos era uma das principais variáveis significativamente correlacionadas com a aprendizagem e o desempenho. Kemp (1985) concluiu que se obtinham resultados positivos quando se utilizavam recursos de aprendizagem cuidadosamente concebidos, quer como parte integrante do ensino, quer como principal meio de instrução direta.

2.7 Resumo

A pesquisa bibliográfica revelou que foram realizados muitos estudos no Quénia e no estrangeiro sobre a utilização de recursos no ensino e na aprendizagem em geral. O investigador centrou-se nos recursos de ensino e aprendizagem em biologia, que existem em duas formas - animada e inanimada. A maioria dos defensores citados da utilização de recursos, como Beswick, Ellington, Smith e Keith, reconhece que a utilização de recursos proporciona incentivos úteis que tornam o ensino da biologia interessante para os alunos. A revisão também concluiu que existe uma vasta gama de recursos biológicos que podem ser utilizados no ensino e na aprendizagem, categorizados de acordo com a sua utilização, efeito na aprendizagem e grau de dificuldade.

A disponibilidade e a utilização de recursos, por si só, não garantem a realização dos objectivos de ensino e aprendizagem, mas sim a escolha correcta dos materiais e a sua apresentação oportuna e adequada (Patel & Mukwa, 1993). Alguns recursos úteis para o ensino e a aprendizagem podem ser encontrados fora da sala de aula, e a experiência em primeira mão com os recursos da comunidade torna as ideias mais claras para os alunos. A utilização de recursos apresenta os seus próprios desafios, dado o elevado custo dos recursos, a escolha e os conhecimentos técnicos necessários para utilizar certos recursos técnicos, como certos pacotes informáticos. Mwangi (1985) e outros que defendem a utilização de recursos argumentam que a sua utilização generalizada melhora o desempenho dos alunos nos exames.

CAPÍTULO TRÊS

METODOLOGIA

3.1 Introdução

O objetivo deste estudo era obter dados sobre o impacto da utilização de materiais de ensino e aprendizagem de biologia no desempenho académico dos alunos do ensino secundário no distrito de Siaya. Este capítulo abrange os seguintes aspectos: Descrição da área de estudo, descrição da população-alvo, métodos de amostragem, ferramentas utilizadas durante a recolha de dados, procedimentos de recolha de dados, inquérito piloto e métodos de análise de dados.

3.2 Conceção da investigação

Trata-se de um estudo descritivo que utiliza um modelo de inquérito. Esta conceção permitiu ao investigador obter informações de uma amostra representativa da população e apresentar, a partir dessa amostra, resultados que indicam tendências dentro da população. (Bell, 1993). A conceção descritiva do inquérito permitiu ao investigador obter informações sobre a utilização de recursos de ensino e aprendizagem da biologia e conhecer as opiniões dos directores, dos professores de biologia e dos alunos sobre o impacto dessa utilização no desempenho académico dos alunos (Best & Kahn, 1992). O estudo inquiriu escolas secundárias públicas seleccionadas por amostragem estratificada de um número total de escolas públicas no distrito de Siaya.

O estudo comportava quatro fases: a fase 1 consistia na elaboração da proposta e no desenvolvimento dos instrumentos de pesquisa. Fase 2: teste dos instrumentos de pesquisa com vista à sua validação. Fase 3, a recolha efectiva de dados junto de alunos, professores e directores de escolas secundárias, utilizando os instrumentos validados. Fase 4: análise dos dados, conclusões e recomendações. Este processo está

resumido na Figura 3.1.

Fig. 3.1: Estrutura do estudo

Fonte: Cohen e Manion (1994:89.)

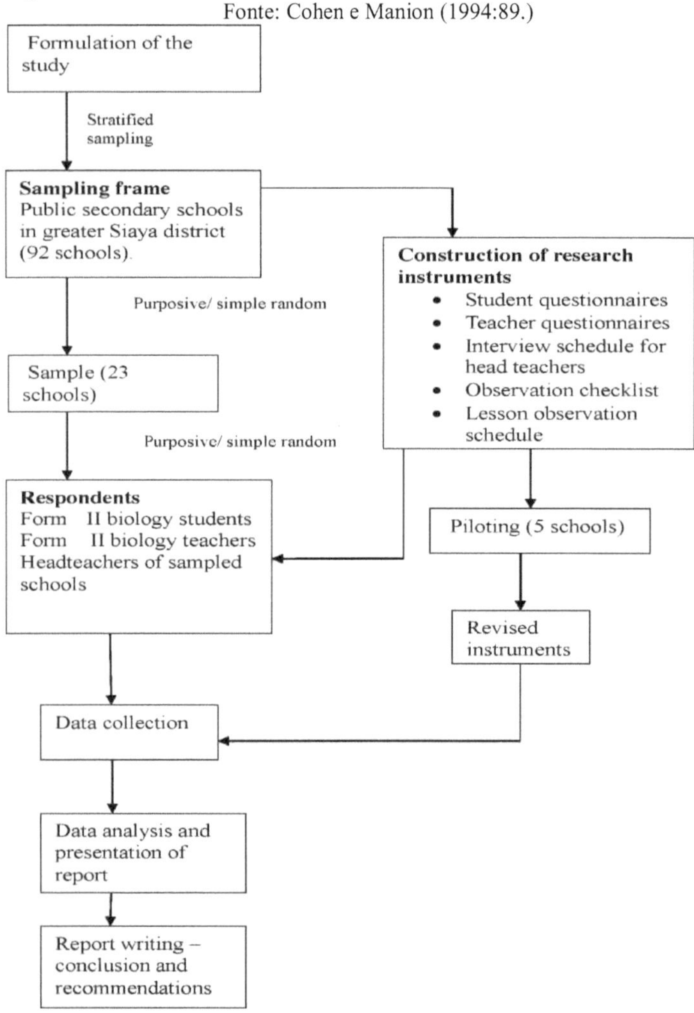

3.2.1 Variáveis

As variáveis deste estudo incluíram variáveis dependentes, ou seja, os resultados

académicos dos alunos, e variáveis independentes, ou seja, os materiais de ensino e

aprendizagem da biologia.

A variável dependente (resultados académicos dos alunos) não estava livre das influências de variáveis externas, nomeadamente

i) **Professores** - qualificações dos professores, experiência de ensino e métodos de ensino.

ii) **Relativamente aos alunos** - inteligência, comportamento de entrada e disciplina de estudo.

A relação entre as variáveis independentes (utilização de recursos didácticos e de aprendizagem) e a variável dependente (desempenho académico) foi afetada (influenciada) pelas variáveis externas acima mencionadas. O investigador minimizou o impacto das variáveis relacionadas com os professores no estudo, visando os professores mais antigos e experientes nos casos em que havia mais do que um professor de biologia da turma 2. As variáveis relativas aos alunos foram tidas em conta através de uma amostragem aleatória sistemática, começando pelos índices mais baixos para os quais se confirmou que tinham alunos inteligentes.

3.3 Local do estudo

O estudo foi efectuado no grande distrito de Siaya. O distrito de Siaya é um dos 21 distritos da província de Nyanza. Faz fronteira a norte com o distrito de Bunyala, a nordeste com os distritos de Emuhaya e Butere, a sul com o distrito de Bondo e a sudeste com Kisumu West. [2]A área total do distrito é de aproximadamente 1520 km. [01010101]O distrito situa-se entre a latitude 0 26 e a longitude 0 18 norte e a longitude 33 58 leste e 34 33 oeste.

O distrito de Siaya está dividido em oito divisões administrativas: Yala, Wagai, Karemo, Ugunja, Uranga, Boro, Sihay e Ukwala. As divisões estão ainda divididas em 30 localidades e 130 sub-localidades. [2]A divisão de Ukwala é a maior, cobrindo uma área de 319,5 km, e tem o maior número de localidades e sub-localidades. Politicamente, o distrito tem três círculos eleitorais e cinco autarquias locais, num total de 39 circunscrições eleitorais. As circunscrições eleitorais são Alego Usonga com os distritos de Boro, Karemo e Uranga, a circunscrição eleitoral de Ugenya com os distritos de Ukwala e Ugunja e a circunscrição eleitoral de Gem com os distritos de Wagai e Yala. O distrito é atravessado por dois grandes rios. Os rios Nzoia e Yala, que desaguam no Lago Vitória através dos pântanos de Yala, são as principais fontes de água do distrito. Os rios Yala, Nzoia e Kanyaboli têm um grande potencial para irrigação. As principais estradas que atravessam o distrito são a estrada de Kisumu para Busia, a estrada de Bondo para Siaya, a estrada de Ugunja para Ukwala, a estrada de Masen para Siaya e a estrada de Siaya para Ukwala.

O investigador escolheu o distrito de Siaya para o seu estudo pelas seguintes razões: Em primeiro lugar, a proximidade da zona ao investigador, o que facilitou o estudo, tendo em conta os condicionalismos financeiros. Em segundo lugar, nunca tinha sido efectuado um estudo deste tipo no distrito de Siaya. Em terceiro lugar, os resultados de biologia no exame KCSE no distrito eram baixos, com uma média de 5,9 nos últimos dez anos (entre 1999 e 2008), como indicam os dados do gabinete do WD (Quadro 1.1). O distrito de Siaya tem 92 escolas secundárias estatais e nove escolas secundárias privadas. O número de professores no distrito a nível secundário é de 749, incluindo 188 mulheres e 561 homens.

3.4 População-alvo

A população-alvo era constituída por escolas secundárias públicas no distrito de Siaya, das quais existiam noventa e duas, com noventa e cinco professores de biologia e 15 120 alunos. Os directores das escolas, os professores de biologia e os alunos destas escolas secundárias públicas do distrito de Siaya foram seleccionados para o estudo. O distrito tem dezasseis escolas secundárias provinciais e setenta e seis escolas secundárias distritais. Para além dos números acima referidos relativos às escolas secundárias públicas, existem nove escolas secundárias privadas. As escolas secundárias privadas foram excluídas do estudo porque a sua gestão é diferente da das escolas secundárias públicas e a maioria delas não tem gestores profissionais, uma vez que estão principalmente interessadas em obter lucros.

3.5 Técnica de amostragem

O investigador baseou o estudo numa base de amostragem de 92 escolas secundárias públicas, seleccionadas por amostragem estratificada. Uma vez que se trata de uma população limitada, o investigador utilizou um método de amostragem que minimizava os enviesamentos na seleção da amostra, sem deixar de ser representativo da população. Foram usadas duas formas de amostragem probabilística - amostragem aleatória estratificada e amostragem aleatória simples - para atribuir as escolas às suas categorias de departamento e distrito e para selecionar cada escola para amostragem (Figura 3.1). Os professores e alunos entrevistados foram seleccionados ou escolhidos aleatoriamente dentro de uma escola, enquanto cada diretor foi selecionado para uma entrevista individual.

a) Categoria de escola: a amostra foi selecionada por amostragem aleatória estratificada. Este método foi escolhido porque garante a representatividade desejada dos subgrupos relevantes. As escolas do Quénia estão classificadas em escolas nacionais, provinciais e distritais.

Durante o período do estudo, o distrito de Siaya não tinha escolas nacionais, mas 16 escolas secundárias provinciais e 76 escolas secundárias distritais. As escolas provinciais seleccionaram 85% dos alunos do distrito e 15% da província. Para garantir uma representação adequada dos alunos, a seleção aleatória estratificada era mais favorável do que a seleção aleatória simples. O investigador decidiu usar quatro escolas provinciais e dezanove escolas distritais como amostra representativa para o estudo. Isto representa 25% de todas as escolas provinciais e distritais do distrito.

b) Amostra de cada escola: O investigador utilizou uma amostra estratificada para classificar as escolas da província em quatro categorias. Internatos de raparigas, internatos de rapazes, escolas mistas a tempo inteiro e internatos e escolas mistas a tempo inteiro, sendo que cada categoria inclui escolas do mesmo departamento. Para cada categoria, foi selecionada aleatoriamente uma escola.

As escolas do distrito são maioritariamente mistas e funcionam durante todo o dia. O investigador utilizou uma amostra estratificada para classificar todas as escolas distritais nas suas categorias de departamento e seleccionou sistematicamente uma escola de cada categoria até serem seleccionadas 19 escolas distritais.

c) Amostra de estudantes

No estudo, os alunos da segunda classe das escolas secundárias públicas estudadas foram seleccionados com base numa amostra intencional. O investigador privilegiou os alunos da turma 2, uma vez que todos eles têm biologia, em oposição aos alunos das turmas 3 e 4, que escolheram as suas duas disciplinas de ciências, que podem não incluir a biologia. Isto permitiria ao investigador ter diferentes pontos de vista sobre a utilização dos recursos por todos os alunos, independentemente de tencionarem manter ou abandonar a biologia na sua escolha de disciplinas no terceiro ano. Os alunos do quarto ano estavam ocupados a preparar-se para os exames nacionais, enquanto os alunos do terceiro ano ainda estavam ocupados com os exames comuns e poucos tinham escolhido a biologia. Os alunos do primeiro ano eram considerados novos na escola, pois tinham apenas um ano de idade.

Uma vez seleccionadas as segundas classes nas escolas estudadas, foi escolhido aleatoriamente um ramo de cada escola para preencher o questionário. Dez por cento das segundas classes seleccionadas foram sistematicamente escolhidas como amostra quando havia apenas um género. Os números de admissão foram utilizados quando todos os alunos estavam presentes. Se numa turma só havia uma disciplina, essa disciplina foi selecionada para a amostra. Nas escolas em que havia rapazes e raparigas, o investigador tentou equilibrar os géneros utilizando um método de amostragem estratificado para separar rapazes e raparigas, e depois seleccionando 10% de ambos os géneros por amostragem aleatória sistemática. Foram seleccionados para o estudo um total de vinte e um alunos de escolas provinciais e noventa e cinco alunos de escolas distritais.

d) Amostra de professores

Foram seleccionados vinte e três professores de biologia da segunda classe, um de cada escola. Os professores de biologia de uma escola foram seleccionados aleatoriamente se tivessem a mesma experiência, se estivessem em funções há muito tempo e se tivessem mais do que um professor; caso contrário, foi selecionado o professor mais experiente.

e) Amostra de directores de escolas

Os directores de todas as escolas da amostra (23) foram seleccionados para a entrevista. Nos casos em que o diretor era o único professor de biologia da segunda classe, foi selecionado para responder ao questionário e para a entrevista.

f) Modelo de observação de aulas

De uma amostra de escolas seleccionadas (23), foram escolhidas aleatoriamente três escolas secundárias de duas categorias - escolas secundárias provinciais e distritais - para observação do ensino. Foram seleccionadas quatro escolas, uma dos internatos provinciais para rapazes, uma dos internatos provinciais para raparigas e uma das escolas diurnas distritais. As quatro escolas provinciais representavam 13% das escolas-alvo. Este valor é aceitável para estudos descritivos (Aryl, Jacobs e Razavieh, 1972:72). Em cada uma das três escolas seleccionadas para a observação do ensino, dois professores de biologia foram visados para a observação do ensino. Estes três professores representavam 13% da população acessível (23) de professores incluídos na amostra, o que, segundo Aryl, Jacobs e Razavieh (1992:72), está muito acima do limite aceite.

1.1.1 Tamanho da amostra

Kothari (2005) define a dimensão da amostra como o número de elementos que devem ser seleccionados da população para formar uma amostra. Uma amostra é qualquer número de casos, inferior ao número total de casos de onde é retirada (Ingule & Gatumu, 1996), e é efectuada para poupar tempo e dinheiro (Borg & Gall, 1989). O estudo examinou vinte e três escolas secundárias públicas, representando 25% do número total de escolas secundárias públicas do distrito. Cohen e Manion (1994) consideram que um tamanho de amostra de 20-30% é uma técnica de inquérito aceitável. A dimensão da amostra de alunos foi de 10% do número de alunos da turma ou fluxo selecionado, enquanto o número de professores de biologia no distrito selecionado foi de 26% do número total de professores de biologia. Foram entrevistados os directores de cada uma das escolas da amostra (25%). Se um diretor fosse professor de biologia e estivesse presente outro professor de biologia, era entrevistado mas não recebia um questionário.

Quadro 3.1: Grelha de amostragem

Artigo	População
Número de escolas secundárias públicas no distrito de Siaya	92
Escolas seleccionadas	23
Escolas-piloto	5
Directores de escolas	23
Professor de biologia	23
Estudantes de biologia da classe 2 em 92 escolas	4600
Estudantes de biologia de nível 2 nas escolas da amostra	1100

Fonte: DEO e investigadores (2001*)*

Para o estudo, foi selecionada uma amostra de um quarto dos alunos das escolas da província e do distrito. De acordo com Cohen e Manion (1994), esta amostra é representativa e aceitável para um inquérito, uma vez que representa uma percentagem aceitável (20-30%) da população-alvo estudada. A tabela abaixo apresenta um resumo da seleção para as escolas distritais.

Quadro 3.2. **Amostragem de escolas e alunos**

Escolas	Categoria da escola	Número de Escolas	Amostra de Escolas
	Província	16	4
	Distrito	76	19
	Total	92	23
	Escolas da amostra Matrículas Amostra selecionada		
Biologia Form 2	Províncias (4)	204	21
Estudantes	Distrito (19)	950	95
	Total 23	1154	116

Fonte: WD Office e investigadores (2011)

De um total de 92 escolas no distrito, vinte e três escolas foram incluídas na amostra. Com base numa amostra estratificada, as escolas da província foram divididas em quatro categorias: internatos de raparigas, internatos de rapazes, internatos mistos a tempo inteiro e internatos mistos e escolas mistas a tempo inteiro, cada categoria incluindo escolas do mesmo departamento. Em cada categoria, foi selecionada aleatoriamente uma escola para obter as quatro escolas. As escolas do distrito foram afectadas à categoria do seu departamento, após o que foram sistematicamente seleccionadas de forma aleatória dezanove (19) escolas. Foram seleccionadas pelo menos duas escolas de cada uma das oito divisões do distrito.

3.5 Construção de instrumentos de investigação

O investigador utilizou quatro instrumentos para este estudo. Estes foram questionários para os professores e estudantes de biologia, uma lista de controlo para observar a

recursos disponíveis, um plano de observação para observar o ensino ao vivo numa sala de aula e um plano de entrevista para entrevistar os directores das escolas.

3.5.1 Questionários

Os questionários foram os principais instrumentos de recolha de dados. Havia dois grupos de questionários, um para professores de biologia (Anexo VI) e outro para estudantes de biologia (Anexo V). Os questionários dos professores tinham três secções: Informação Geral, Utilização de Recursos e Informação Geral sobre Gestão e Desempenho da Sala de Aula. Os questionários dos alunos eram compostos por duas partes: questões gerais na primeira parte e análise de itens na segunda parte. Os questionários foram elaborados pelo investigador e corrigidos por professores experientes. Foram também modificados durante o estudo-piloto, depois de os colegas terem apresentado um instrumento paralelo para verificar a autenticidade.

Os questionários deram aos inquiridos uma maior oportunidade de exprimirem os seus pontos de vista, ideias, opiniões, sugestões e respostas, uma vez que, de um modo geral, recolheram informações dos alunos sobre o tipo de recursos utilizados para o ensino e a aprendizagem da biologia, o grau de utilização dos recursos, os desafios associados à utilização dos recursos e o impacto da utilização dos recursos nos resultados educativos. Os dados dos questionários dos professores foram utilizados para cruzar e complementar as informações fornecidas pelos alunos sobre a utilização dos recursos e os resultados académicos daí resultantes. Os questionários foram preenchidos pelo investigador com a ajuda dos professores de biologia.

3.5.2 Lista de controlo de observação

As listas de recursos didácticos de base e de equipamentos que podem ser utilizados para ensinar biologia nas escolas secundárias foram elaboradas de acordo com as orientações da USLS. (Ver quadro 4.3.1a).

Utilizando listas de verificação, o investigador conseguiu recolher dados sobre a disponibilidade, a adequação e o estado dos recursos didácticos nas escolas seleccionadas. A informação contida nas listas de controlo foi utilizada para recolher declarações de professores e alunos sobre a disponibilidade e utilização de recursos na sala de aula.

3.5.3 Calendário de observação de cursos

Utilizando planos de observação de ensino, o investigador observou ao vivo a aula de biologia sem e com a utilização de auxiliares. Desta forma, o investigador pôde confirmar a utilização de auxiliares e, ao mesmo tempo, comparar o desempenho (em provas classificadas organizadas após a aula dada) nas aulas em que os auxiliares foram utilizados com o desempenho numa parte da aula em que não foram utilizados auxiliares. Para tal, o investigador teve de dividir a turma em partes iguais, de acordo com o desempenho e o género (no caso de turmas mistas), com a ajuda dos professores, e avaliar as duas horas em intervalos curtos. Os resultados foram depois comparados para identificar as diferenças de desempenho entre os dois grupos de alunos. As escolas seleccionadas para observação foram a Ambira High School, a Hono Mixed Secondary School e a Mutumbu Girls Secondary School.

3.5.4 Horários das entrevistas

Foram realizadas entrevistas com os directores das escolas seleccionadas, que foram consideradas importantes para influenciar o desempenho na disponibilização de recursos para os estudantes de biologia no distrito de Siaya. As entrevistas foram úteis para discutir acontecimentos e respostas em tempo real para esclarecer questões, e também tiveram a vantagem de identificar pormenores específicos da escola. Esta ferramenta também deu ao investigador a oportunidade de descrever experiências específicas do diretor da escola. Algumas das declarações dos entrevistados foram citadas textualmente para enfatizar um ponto. Satyanarayan, Bode e Henry (1983) afirmam que a entrevista é um instrumento adequado para qualquer estudo, uma vez que ajuda o investigador a revelar todas as dimensões do estudo através da entrevista com os inquiridos. As escolas utilizadas para o estudo-piloto (5) não faziam parte das vinte e três (23) escolas da amostra que constituiu o estudo principal.

3.6 Estudo-piloto

O investigador realizou um estudo-piloto antes de efetuar o estudo principal. O objetivo do estudo-piloto era testar os instrumentos numa pequena amostra de inquiridos antes de iniciar a recolha de dados propriamente dita. O estudo-piloto permitiu identificar e corrigir erros antes de serem utilizados na investigação propriamente dita. Uma das áreas que teve de ser corrigida foi a pergunta inicial aos estudantes sobre se estavam a realizar estágios profissionais. As respostas foram tão inconsistentes que a pergunta teve de ser alterada para "Com que frequência faz estágios em biologia? O estudo-piloto foi realizado em cinco escolas - duas escolas provinciais (internato feminino e internato masculino) e três escolas de bairro com ensino misto. As cinco escolas seleccionadas para o estudo-piloto, apresentadas no Quadro 3.3, não foram incluídas no estudo principal.

O investigador utilizou cinco directores das cinco escolas-piloto para pré-testar os planos de entrevista, cinco professores da segunda classe para pré-testar os questionários dos professores e vinte e cinco (25) alunos da segunda classe - cinco de cada segunda classe de cada escola - para pré-testar os questionários dos alunos. Dois professores - um de um internato masculino das províncias e outro de uma escola diurna feminina - que já tinham sido seleccionados, foram designados para observar as aulas de biologia na sala de aula e ajudaram o investigador a atualizar o plano de observação. A lista de controlo de observação foi também testada e melhorada nas escolas. A investigadora utilizou os resultados do estudo-piloto para validar os instrumentos, adaptando e corrigindo os instrumentos principais. A pergunta "Que recursos utiliza durante o seu ensino na turma 2" teve de ser alterada para "Que recursos utiliza frequentemente". O objetivo era determinar a frequência de utilização dos recursos durante o processo de ensino e aprendizagem.

Quadro 3.3: Escolas seleccionadas para o estudo-piloto

Nome da escola	Tipo	Categoria	Departamento
Sawagongo	Província	Internato para rapazes	Wagai
Rapariga Sega	Província	Internato para raparigas	Ukwala
Sigomre	Província	Dia misto	Ugunja

Sagam	Distrito	Dia misto	Yala
Madungu	Distrito	Dia misto	Ugunja

Fonte: Formulação do investigador (2011)

Nas escolas supramencionadas seleccionadas para o estudo-piloto, um quarto (10%) dos alunos da turma ou do ano foram seleccionados por amostragem aleatória e sistematicamente entrevistados através de um questionário. Nas escolas com apenas um curso, foi selecionada uma turma do segundo ano por amostragem intencional.

Os professores de biologia do segundo ano e os directores das escolas foram seleccionados para o estudo-piloto por amostragem aleatória. A primeira pergunta do plano de entrevista para o diretor foi modificada após o estudo-piloto e era a seguinte: "Na sua opinião, qual é o nível de adequação dos recursos na sua escola? A primeira afirmação revelou-se conclusiva e infundada.

3.6.1 Validade do instrumento

Um instrumento é considerado válido se for capaz de medir o que é suposto medir (Bennars & Otiende, 1994). Os questionários foram submetidos a um estudo piloto para verificar se as diferenças observadas através dos instrumentos de medida reflectiam realmente as diferenças entre os sujeitos. A validade dos instrumentos foi determinada através de um painel de professores de longa data do distrito, a fim de avaliar o grau de conformidade dos instrumentos de medida com as normas (validade de conteúdo). O investigador também comparou o resultado das condições predominantes aquando da utilização dos questionários com o resultado previsto (validade baseada em critérios).

A validade de constructo foi assegurada durante a construção do instrumento, através da verificação com professores experientes do distrito e do ajustamento após a pilotagem. Confirmou a previsão de correlação com outros pressupostos teóricos, ou seja, que os dados obtidos a partir da aplicação do instrumento reflectem um conceito teórico de forma relevante e precisa e que, portanto, os dados são válidos.

3.6.2 Fiabilidade do instrumento

A fiabilidade pode ser definida como o grau de consistência entre medidas do mesmo tipo. Kothari (2005) define um instrumento fiável como um instrumento que fornece resultados consistentes. O investigador utilizou alunos do mesmo nível de duas turmas ao longo do estudo (aspeto da estabilidade). O investigador enviou também uma cópia do mesmo instrumento a colegas, tendo sido feitas correcções durante a fase piloto. Os colegas distribuíram os questionários aos alunos do segundo ano e as reacções foram comparadas com as obtidas pelo investigador com o seu questionário. Verificou-se que as respostas eram equivalentes (aspeto equivalente). Um outro colega distribuiu um instrumento paralelo, semelhante mas reorganizado e reformulado, e verificou-se que as respostas eram equivalentes.

A terceira medida de fiabilidade consistiu em dividir o instrumento principal (questionários para alunos e professores) em duas partes (pares e ímpares), escolhendo itens da parte principal dos indicadores para medir as variáveis. Os resultados dos inquiridos de uma parte foram correlacionados com os resultados da segunda parte, de acordo com a seguinte fórmula :

^{2}Rx = <u>ou</u> Coeficiente de fiabilidade

$$o \ x^2$$

O coeficiente de fiabilidade foi avaliado em 0,6, o que significa que o instrumento era fiável.

3.7 Técnica de recolha de dados

O investigador pediu autorização ao Departamento de Educação para realizar o inquérito e informou o DC e o DEO do distrito de Siaya da sua intenção de realizar o inquérito no distrito. O investigador recebeu autorização do CD e do DEO para realizar o inquérito no distrito e nas escolas, respetivamente. A autorização dava instruções aos chefes de departamento para autorizarem o investigador a realizar o estudo nos seus departamentos. Os directores distritais de educação autorizaram os directores das escolas seleccionadas a permitir que o investigador entrasse nas suas escolas para recolher dados para o estudo. Os dados para este estudo foram recolhidos em quatro fases, incluindo um inquérito em vinte e três escolas seleccionadas e um estudo-piloto em cinco escolas. O número total de dias necessários para visitar as escolas e recolher dados foi de 36 dias.

3.7.1 Primeira fase

O investigador visitou as escolas em estudo antes do início do inquérito, a fim de se familiarizar com as escolas e explicar o motivo da sua visita. O investigador combinou uma data adequada com os entrevistados e pediu a sua colaboração. O investigador assegurou-lhes a confidencialidade da informação que ia obter e entregou aos alunos e professores questionários para preencherem e recolherem onze dias depois, prometendo telefonar-lhes dentro de uma semana. Foram visitadas duas escolas por dia e três no último dia. No total, esta fase durou onze dias.

3.7.2 Segunda fase

O investigador recolheu questionários junto dos professores de biologia e dos alunos do segundo ano de biologia. Onze dias antes, os professores de biologia e o investigador tinham combinado organizar um dia de visitas às escolas. Foi pedido aos alunos que preenchessem os questionários durante os intervalos e as horas de almoço, de modo a não perturbar as aulas. O investigador também utilizou uma lista de observação para observar e registar vários recursos na biblioteca, no laboratório, nas salas de aula, nos gabinetes administrativos e na área circundante. Da mesma forma, foi realizada uma visita à sala de aula para conhecer os alunos e os professores antes da observação planeada da sala de aula, a fim de reduzir o efeito Hawthorne durante a interação planeada com eles. Os directores das escolas aceitaram ser entrevistados durante a visita seguinte. Esta fase durou onze dias.

3.7.3 Fase três

Foram efectuadas entrevistas aos directores das escolas. Os directores deram uma imagem dos factores considerados importantes para a obtenção de resultados em biologia nas escolas. As entrevistas foram estruturadas e, portanto, direccionadas. O investigador gravou a entrevista com um gravador, depois de pedir autorização aos directores das escolas para gravar a entrevista. Foram visitadas duas escolas por dia para entrevistar os directores. [th]Três escolas foram visitadas no décimo primeiro dia. Esta fase durou sete dias. Foram necessários onze dias para efetuar as entrevistas.

3.7.4 Quarta fase

A investigadora visitou três escolas para observar o ensino, tal como tinha prometido anteriormente. As escolas visitadas foram uma escola diurna mista e um internato nas províncias, uma escola diurna mista e uma escola diurna para raparigas. A turma foi dividida em duas, assegurando que os alunos com as mesmas capacidades estivessem de ambos os lados da fralda. O livro de turma foi utilizado para selecionar os alunos de forma equitativa. Metade da turma foi ensinada pelo seu professor de biologia, utilizando materiais fornecidos pelo investigador. O investigador registou os progressos realizados. Depois de o professor ter ensinado os alunos, o investigador fez-lhes um teste e avaliou-os. Depois de um intervalo de 30 minutos, a outra metade da turma foi ensinada pelo seu professor sem materiais. Também fizeram o mesmo teste. O investigador corrigiu o teste e calculou a média das notas. A mesma atividade foi realizada nas outras duas escolas. O investigador visitou uma escola por dia. Esta fase teve a duração de três dias. O processo completo de recolha de dados durou trinta e seis dias.

3.8 Procedimento de análise de dados

A análise, definida por Kothari (2005) como o cálculo de certos índices ou medidas acompanhado da procura de padrões de relações entre grupos de dados, foi efectuada após a receção dos dados brutos do campo. Foram utilizadas técnicas de análise de dados qualitativas e quantitativas, uma vez que o estudo forneceu dados qualitativos e quantitativos. Os dados qualitativos forneceram indicadores do problema do desempenho académico em biologia, enquanto os dados quantitativos foram utilizados para determinar a natureza do problema - a utilização dos recursos de ensino e aprendizagem da biologia e a procura de opções.

3.8.1 Análise de dados com base em questionários

Os dados brutos recolhidos no terreno através dos questionários dos alunos e dos professores foram classificados e tratados para identificar e corrigir erros e omissões. Os dados foram codificados utilizando números e outros símbolos, a fim de classificar as respostas em categorias limitadas. Isto foi importante porque os dados eram principalmente descritivos e, por conseguinte, tiveram de ser transpostos da forma qualitativa para a forma quantitativa. Após a codificação, os dados foram classificados, dividindo-os em grupos ou classes, a fim de reduzir a grande quantidade de dados e dividi-los em grupos homogéneos para obter relações significativas. De seguida, os dados foram analisados com o Statistical Package for Social Science (SPSS), utilizando estatísticas descritivas. Para o efeito, utilizámos principalmente frequências e percentagens. As percentagens das diferentes variáveis foram então aplicadas e a tabulação foi efectuada organizando o mesmo tipo de dados de forma concisa e lógica, o que ajudou a responder às questões de investigação.

3.8.2 Calendário de manutenção

Os dados qualitativos recolhidos através de entrevistas com os directores das escolas foram compilados utilizando planos de entrevista (ver anexo ix). Foi realizada uma entrevista pessoal sob a forma de inquérito pessoal, de forma estruturada. Os dados brutos das gravações das entrevistas com os directores das escolas foram codificados e classificados. As respostas foram depois analisadas sob a forma de tabelas. Foram também utilizadas citações verbais para realçar as afirmações feitas durante a entrevista. Os resultados foram resumidos através de percentagens.

3.8.3 Lista de controlo de observação

Todos os instrumentos pedagógicos disponíveis foram enumerados na lista de controlo de observação, com indicação da sua adequação e inadequação. Os itens foram quantificados, organizados e depois analisados através de estatísticas descritivas. O grau de disponibilidade, os sinais de utilização e o grau de disponibilização foram registados em percentagens, de modo a poderem ser descritos na conclusão e discussão.

3.8.4 Calendário de observação da sala de aula

Os dados obtidos a partir da observação através de um plano de observação do ensino têm em conta as actividades dos professores e dos alunos. Foram elaborados dois planos diferentes - um utilizado numa sala de aula onde o ensino era efectuado com recurso a materiais didácticos e pedagógicos e outro utilizado numa sala de aula onde o ensino era efectuado sem recurso a materiais didácticos. As observações foram registadas e os dados qualitativos daí resultantes recolhidos. Os testes prescritos foram utilizados para relacionar os aspectos qualitativos do ensino com materiais didácticos com os resultados quantitativos dos testes, no âmbito da avaliação sumativa.

3.8.5 Análise dos resultados de biologia do KCSE

O investigador utilizou dados secundários do gabinete do WD sob a forma de resultados de biologia do KCSE analisados para os cinco anos antes e depois do INSET no distrito para correlacionar o desempenho global nos primeiros cinco anos antes do INSET com os últimos cinco anos após o INSET (um período de 1999 a 2008), ver Quadro 1.1.

3.9 Considerações logísticas e éticas

Trata-se de considerações que podem impedir o investigador de obter informações exactas. De acordo com Mugenda e Mugenda (2003), a logística na investigação refere-se a todos os processos, actividades ou acções que o investigador deve abordar ou realizar para garantir o êxito do seu trabalho de investigação.

Na logística que antecedeu o trabalho de campo, o investigador elaborou um plano de trabalho, obteve a autorização de investigação, construiu e testou os instrumentos e efectuou a amostragem. Na logística pós-trabalho, os dados recolhidos foram analisados e os instrumentos foram guardados para utilização futura. As considerações éticas incluíram informar os inquiridos sobre os objectivos da investigação, ser honesto e estabelecer uma relação com eles. Por último, o investigador tomou precauções razoáveis para proteger a confidencialidade dos entrevistados e dos dados (Cohen & Manion, 1994).

3.9.1 Resumo

O objetivo deste capítulo era obter dados sobre a utilização de recursos de ensino e aprendizagem e sobre a forma como a utilização desses recursos afecta o desempenho académico dos estudantes. O inquérito foi concebido para recolher dados quantitativos e qualitativos. Para o efeito, foram utilizados quatro instrumentos Questionário para professores e alunos, lista de controlo de observação, plano de observação e plano de entrevista para directores de escolas. A população-alvo eram as escolas secundárias públicas do distrito, que incluíam setenta e seis escolas distritais e dezasseis escolas provinciais. A amostra de vinte e três escolas representava dez por cento das duas categorias de escolas seleccionadas por amostragem aleatória simples estratificada.

Os alunos da turma 2 foram seleccionados como amostra. Os seus professores foram seleccionados de forma selectiva ou aleatória, consoante leccionavam a turma com um colega experiente ou com vários colegas experientes. Os directores das escolas foram seleccionados para serem entrevistados. Os questionários foram distribuídos aos professores e aos alunos, enquanto os directores foram entrevistados com base num plano de entrevista. A lista de verificação da observação foi utilizada para confirmar e corrigir dados pouco claros. Os instrumentos foram validados após um estudo-piloto em cinco escolas que não foram incluídas no estudo. Os instrumentos revistos revelaram-se eficazes durante a recolha de dados e foram analisados. As nove escolas públicas do distrito foram excluídas do estudo, uma vez que não se podia contar com os recursos destas escolas e com a presença de professores profissionais. As escolas também tendiam a concentrar-se no sucesso nos exames em detrimento da pedagogia, e algumas estavam mais interessadas no lucro. Variáveis externas

foram minimizados através de uma amostragem aleatória de professores e alunos.

QUARTO CAPÍTULO

ANÁLISE DOS DADOS, RESULTADOS E DISCUSSÃO

4.0 Introdução

Este capítulo apresenta uma análise dos dados recolhidos junto dos alunos, dos professores de biologia e dos directores das escolas. Os dados foram recolhidos através de questionários para alunos e professores, uma lista de verificação de observação, um plano de observação de aulas e um plano de entrevista para directores de escolas. São também apresentados os resultados e as discussões decorrentes dos dados recolhidos e da revisão da literatura.

4.1 Conclusões

4.1.1 Resposta dos alunos ao objetivo 1: *Tipos de recursos utilizados para o ensino e a aprendizagem da biologia*^

Os dados brutos obtidos a partir dos questionários dos alunos foram compilados e tratados. Os dados foram editados, codificados e classificados. Foram calculadas percentagens e criadas tabelas. A Tabela 4.1 abaixo resume os resultados dos alunos.

Quadro 4.1: Tipos de recursos biológicos utilizados principalmente para o ensino e a aprendizagem nas escolas secundárias do distrito de Siaya

Recursos	Frequência	Percentagem (%)
Vídeos	0	0
Livros didácticos	110	95
Realia	20	17
Todas as opções anteriores	2	1

Os recursos utilizados foram principalmente os manuais escolares. A percentagem total de respostas foi superior a 100%, uma vez que alguns alunos mencionaram mais do que um recurso.

i. Disponibilidade de materiais de ensino e aprendizagem de biologia

Os dados tratados sobre a disponibilidade de recursos de ensino e aprendizagem

foram expressos em percentagem após a determinação da frequência das várias

respostas às questões colocadas aos estudantes, sendo depois apresentados sob a

forma de tabela, como se mostra a seguir.

Quadro 4.2: Como são disponibilizados os recursos biológicos?

Resposta	Frequência	Percentagem
O professor traz	100	86
Os alunos fazem	0	0
Professores e alunos observam a natureza Espaço de vida	10	7
Todas as opções anteriores	10	6
Nenhuma das anteriores	1	4

Devido ao elevado número de respostas, a percentagem total é superior a 100, o que

significa que alguns alunos responderam a mais do que um item. São praticamente

os professores que produzem os recursos e os levam até aos alunos.

ii. Adequação dos materiais de ensino e aprendizagem de biologia

Quando questionados sobre se os recursos de ensino e aprendizagem em biologia

são adequados, os estudantes responderam como mostra a Tabela 4.3 abaixo:

Quadro 4.3: Adequação dos recursos biológicos

Respostas	Frequência	Percentagem (%)
Adequado	10	7
Insuficiente	104	90
Indecisos	2	3

De acordo com os dados recolhidos, as deficiências podem dever-se em grande parte à fraca capacidade de improvisação dos alunos e ao baixo nível de aquisição de recursos por parte das escolas (quadro 4.2).

iii. Improvisação de recursos

Foi perguntado aos estudantes se estavam envolvidos na criação de materiais de ensino e aprendizagem. As suas respostas foram registadas no questionário. A análise foi efectuada e os resultados tabulados da seguinte forma.

Tabela 4.4: Participação dos estudantes no fornecimento de materiais didácticos

Respostas	Frequência	Percentagem
Sim	70	60
Não	46	40
Não tenho a certeza	0	0

Os alunos podem fabricar equipamento barato ou ter acesso a ele (Orwa & Underwood, 1986). Este é o objetivo do SMASSE, que tem vindo a implementar o INSET no distrito desde 2004. Para atingir este objetivo, parte-se do princípio de que nem todos os recursos podem ser comprados.

vi. Aprendizagem individualizada sem professor

Quando lhes foi perguntado se efectuavam os estágios de forma autónoma, sem a intervenção do professor, os alunos responderam como se mostra na Tabela 4.5. Os resultados são expressos em percentagem.

Quadro 4.5: Utilização de recursos sem a intervenção do professor

Respostas	Frequência	Percentagem
Sim	50	40

Não	70	60
Não tenho a certeza	0	0

Ao observar o ensino sobre a utilização de recursos, o investigador pôde constatar que os alunos estavam motivados. Beswick (1977) e Hanson (1975) afirmam que os alunos podem fazer coisas com os recursos disponíveis, mesmo sem o professor estar presente. Os dados sobre a utilização de recursos sem a iniciativa do professor mostraram que a maioria dos alunos das escolas secundárias do distrito de Siaya não realizava actividades práticas por sua própria iniciativa e, como Parkinson (1994) salienta, esta falta de interesse e de motivação é o que a utilização de recursos deve provocar.

4.1.2 Reação dos alunos ao objetivo 2. *Nível de utilização dos recursos*

O investigador perguntou a frequência de utilização dos recursos pelos alunos, a fim de saber em que medida os recursos eram utilizados. As respostas são apresentadas na Tabela 4.6.

Quadro 4.6: Frequência de utilização dos recursos biológicos

Resposta	Frequência	Percentagem (%)
Sempre	30	26
Por vezes	86	74

Smith e Keith (1975) aconselham que as necessidades académicas dos alunos devem ser tidas em conta na utilização dos recursos. Se não se constatar que os jovens estão mais interessados em actividades e objectos concretos do que em ideias (Hughes & Hughes, 1966), então teremos de abordar o processo de aprendizagem "a meio tom".

b. **Visitas/viagens académicas**

Os estudantes raramente são levados em visitas académicas. Estes sentimentos foram expressos nos questionários. Os resultados analisados são apresentados no quadro seguinte.

Quadro 4.7: Participa numa viagem de estudo?

Resposta	Frequência	Percentagem
Sim	16	14
Não	100	86

Trowbridge, Leslie, Bybee e Powel (2004) referem que o ambiente local, que inclui a escola, as casas dos pais e a comunidade, é útil para clarificar ideias e permitir que os alunos observem o ambiente de forma a desmistificar a biologia. Quando questionados sobre onde visitam (dos 14% que visitam fora da sala de aula), muitos alunos (73%) disseram que apenas visitam a área em redor da sua escola, enquanto alguns (37%) disseram que visitam fora da sua área de residência.

4.1.3 Resposta dos alunos ao objetivo 3: *Desafios enfrentados pelos alunos na utilização dos recursos*

A utilização de recursos é uma experiência difícil, como constatou a maioria dos estudantes. Esta pergunta foi deixada em aberto e não estruturada para os inquiridos. As respostas dos inquiridos foram apresentadas na tabela seguinte em termos de frequência e percentagem.

Quadro 4.8: Desafios na utilização de gráficos, dados reais e modelos como ferramentas de ensino e aprendizagem

Problema	Frequência	Percentagem

	38	33
Insuficiências	38	33
Difícil de utilizar	26	22
Roubo de recursos	12	10
Não dá informações suficientes	11	9
Danificado/não funciona corretamente	8	7
Fraca cobertura do programa pelos estudantes	8	7
Antigo e obsoleto	7	6
Má gestão dos recursos	6	6

Diagramas, modelos e espécimes reais foram encontrados em número variável nas escolas do distrito de Siaya. A Tabela 4.8 fornece informações sobre os desafios que os alunos enfrentam quando utilizam estes recursos. Nicholas (1975) argumenta que sem uma escolha suficiente de recursos, os alunos não podem individualizar a aprendizagem e a aprendizagem e o desempenho tornam-se efetivamente difíceis (Orlich & Harder, 2001).

O investigador perguntou aos inquiridos como poderiam enfrentar os desafios acima referidos. Entre os que referiram a insuficiência de recursos como um problema, o número de soluções possíveis foi o mais elevado. Muitos alunos (35%) pensaram que podiam partilhar com outros. Cerca de um quarto dos alunos pensa que pode pedir algo emprestado a outras escolas ou utilizar apenas o que tem, enquanto poucos (20%) pensam que podem comprar algo para si próprios. As suas respostas são apresentadas no Quadro 4.9.

Quadro 4.9: Enfrentar o desafio da escassez de recursos biológicos

Respostas	Frequência	Percentagem
Empréstimo	9	22
Partilhar	15	35
Compras pessoais	8	21
Utilização dos recursos disponíveis	6	22
Total	38	100

4.1.4 Respostas dos alunos ao Objetivo 4: *Relação entre a utilização de recursos e os resultados académicos em biologia*

O bom desempenho académico é a soma de todos os factores ligados à boa utilização

dos recursos e dos métodos de ensino. Estes incluem recursos adequados, a presença

de um laboratório de biologia equipado separadamente e um rácio aluno/professor

adequado.

Quadro 4.10: Relação entre a utilização de recursos e o desempenho académico
Potência

Medição da atividade prática	Medição do desempenho académico Utilização de controlos/ensaios normalizados Percentagem (%)
1 O efeito dos recursos no ensino da biologia a, Ensino com recursos - observado pelo investigador b, Aula dada sem ferramentas - observada pelo investigador	Realização do teste pelo investigador 52 48%
1 Extensão da utilização dos recursos no distrito de Siaya FrequênciaResposta Utilizado frequentementeNão71 Sim26	Serviços KCSE Valor médio: 5,47 Antes do INSET (1999 2003) Valor médio: 6,25 De acordo com INSET (2004)

3 Utilização correcta do laboratório Sim26	Frequência de resposta Não 69	2008)
4. passar o seu tempo livre a fazer estágios Não Sim22	FrequênciaResposta 61	

O quadro acima mostra que os resultados académicos são mais elevados quando os recursos de ensino e aprendizagem de biologia são utilizados de forma adequada (52%) do que quando não são (48%). A pontuação média do KCSE antes do INSET era de 5,47, comparada com 6,25 após o INSET, quando os professores receberam formação para utilizar os materiais de ensino e aprendizagem em todas as aulas. Os seguintes testemunhos de alunos foram utilizados como indicadores do desempenho académico no distrito.

Tabela 4.11. Opiniões dos estudantes sobre os parâmetros que influenciam o desempenho académico

Legenda: SA-Aprova totalmente, A-Aprova, UD-Discorda, D-Desaprova, Decisão SD sem acordo

Percentagem de resposta   **(%)**

S. Não.	Artigo	SA	A	UD	D	SD
1.	A nossa escola dispõe de recursos biológicos adequados	0	17	9	34	39
2	Dispomos de um laboratório separado para a biologia	9	14	0	17	60
3	Utilizamos recursos T/L nas aulas de biologia	39	32	03	13	13
4	Utilizamos o laboratório de biologia de forma adequada	17	09	05	29	22

5	Temos menos de 50 alunos por turma	14	19	02	23	42
6	Passei no teste de biologia	17	52	06	18	03
7	Passo o meu tempo livre a fazer cursos de biologia	05	17	11	34	43
8	Sei que nas aulas de biologia	34	55	07	03	01
9	A autoridade escolar compra recursos para nós	29	40	08	10	13
10	A nossa turma conclui o programa de biologia a tempo	35	26	0	21	18

Análise das declarações dos alunos com base em questionários; Investigador-Fonte (2011)

i. Adequação dos recursos biológicos actuais

A observação da investigação baseada nos questionários preenchidos mostra que muito poucos estudantes (17%) concordam que existem recursos de ensino e aprendizagem adequados para a biologia, enquanto uma minoria (9%) está indecisa. A maioria (73%) afirma que há falta de recursos adequados na escola.

ii. Disponibilidade de um laboratório separado para trabalhos práticos de biologia

Apenas alguns alunos (23%), principalmente das escolas provinciais, concordaram que tinham um laboratório de biologia separado para trabalhos práticos, enquanto a maioria (77%), principalmente das escolas distritais, discordou. Todos os alunos que afirmaram ter um laboratório de biologia separado (22%) provinham de escolas provinciais. Esta afirmação indica que os laboratórios de biologia estão largamente ausentes numa amostra de escolas do distrito de Siaya.

iii. Utilização de materiais didácticos e de aprendizagem no ensino da biologia

A maioria dos estudantes inquiridos (71%) concordou que utiliza materiais de ensino e aprendizagem durante as aulas de biologia, enquanto muito poucos (3%) se mostraram indecisos. No entanto, muito poucos (26%) indicaram que não utilizam materiais didácticos e pedagógicos durante as aulas de biologia.

iv. Utilização correcta do laboratório

Um pequeno número de estudantes (26%) afirmou utilizar corretamente o laboratório de biologia, enquanto uma minoria (5%) se mostrou indecisa. A maioria (69%) discordou da proposta.

v. Turmas com menos de cinquenta alunos

Quando lhes foi perguntado se tinham uma turma com menos de cinquenta alunos, menos de metade (33%) respondeu que sim, enquanto um pequeno número (26%) não quis comentar e cerca de metade (51%) disse que não.

vi. . Nota alta em biologia

O investigador não indicou qual a nota que considerava elevada, mas deixou esta afirmação em aberto para testar o grau de satisfação dos alunos com os seus resultados em biologia. Outros indicadores foram utilizados para analisar o desempenho no seu conjunto. Muitos alunos (69%) estão satisfeitos com os seus resultados em biologia e indicam que obtiveram muito boas notas nesta disciplina. Muito poucos (6%) mostraram-se indecisos, enquanto um quarto (27%) afirmou ter tido um mau desempenho.

vii. Actividades de lazer durante o curso de biologia

Menos de um quarto (22%) dos estudantes indicou que dedicava o seu tempo livre aos cursos de biologia. Alguns (11%) estavam indecisos. No entanto, a maioria (67%) negou dedicar o seu tempo livre a estágios de biologia.

viii. A compreensão no ensino da biologia

A maioria dos estudantes sabe quando é que a biologia é ensinada (89%). Apenas alguns (7%) se mostraram indecisos, enquanto muito poucos (4%) disseram não saber quando é que a biologia é ensinada.

ix. Aquisição de recursos biológicos pelos directores das escolas

A maioria dos directores de escola faz um bom trabalho na compra de recursos

para os alunos, de acordo com a maioria (69%) dos alunos. Muito poucos alunos

(8%) mostraram-se indecisos sobre esta questão, enquanto cerca de um quarto

(23%) considerou que os directores não compram recursos didácticos.

x. Concluir o programa de biologia a tempo

Quando questionados sobre a cobertura do programa, a maioria (61%) dos

estudantes afirmou ter concluído o programa de biologia a tempo, enquanto

apenas alguns (3%) afirmaram nunca ter concluído o programa a tempo.

4.2 Informações gerais sobre os professores

O investigador procurou conhecer as origens dos professores, que poderiam ter

um papel na utilização correcta dos recursos e no desempenho dos estudantes de

biologia. O inquérito revelou que havia mais professores do sexo masculino

(70%) do que do sexo feminino (30%) nos distritos. A distribuição etária era

homogénea

de professores no distrito, tendo em conta o grupo etário 25-60. A idade está
intimamente ligada a

atividade no processo de ensino.

Tabela 4.12. Distribuição etária dos professores no distrito

Grupo etário	Frequência	Percentagem (%)
25-34	7	30
35-44	9	40

| 45 anos ou mais | 7 | 30 |

a) . Experiência de ensino

A experiência dos professores é considerada importante para saber quais os materiais didácticos disponíveis, escolher os adequados e orientar os alunos na sua utilização, para que recebam a informação correcta (Lawton et al., 1971:116). No que respeita à experiência de ensino, verificou-se que cerca de metade dos professores (48%) tinha quinze ou mais anos de experiência de ensino. A tabela seguinte apresenta os resultados.

Tabela 4.13. Experiência de ensino dos professores

Experiência de ensino	Frequência	Percentagem (%)
6-9 anos	7	30
10-14 anos	5	22
15 anos ou mais	11	48

Fonte: Dossiers scolaires (2011)

Cerca de metade dos professores do distrito têm quinze ou mais anos de experiência de ensino e completaram quatro ciclos de cursos INSET SMASSE. São capazes de utilizar ferramentas de ensino e aprendizagem e de improvisar. Não se esperava que nenhum professor com menos de seis anos de experiência de ensino fizesse uma utilização óptima das ferramentas de ensino e aprendizagem.

b) . Qualificações profissionais dos professores

O investigador pretendia saber se as qualificações profissionais dos professores tinham um impacto na utilização dos recursos e no desempenho. Verificou-se que a maioria dos inquiridos (91%) possuía um diploma de ensino ou um diploma de pós-graduação em pedagogia. Apenas um pequeno número (8%) tinha uma licenciatura em pedagogia. Não havia entre os professores nenhum licenciado do quarto ano. A maioria dos professores (48%) tinha quinze ou mais anos de experiência de ensino e era capaz de usar a maior parte dos recursos para o ensino e aprendizagem nas escolas secundárias do distrito.

Tabela 4.14. Qualificações profissionais dos professores

Qualificações dos professores	Frequência	Percentagem (%)
Diploma em educação	3	8
Bacharelato (BSc/BA)	1	9
CAMA/PGDE	19	83

O investigador constatou que mais de três quartos dos professores possuíam um diploma universitário, uma licença de ensino ou um diploma de pós-graduação em pedagogia.

d. Cursos de biologia

Em resposta à pergunta sobre as aulas de biologia que leccionam, foram fornecidas as seguintes informações.

Tabela 4.15. Repartição do ensino nas aulas

Classe	Frequência	Percentagem (%)
Formulário 1	22	96
Formulário 2	18	78
Formulário 3	19	83
Formulário 4	15	65

Fonte: Directores-adjuntos das escolas secundárias do distrito de Siaya (2011)

Note-se que os mesmos professores da turma 2 eram, na sua maioria, também responsáveis pelo ensino noutras turmas e tinham mais de quinze anos de experiência de ensino. Isto pode ser explicado pelo facto de apenas vinte e três professores da turma 2 terem sido questionados sobre as disciplinas que leccionavam, mas todas as disciplinas foram mencionadas por pelo menos dezanove professores, com exceção da turma 4, que foi mencionada por igual número de professores (15), ou seja, sessenta e cinco por cento. A Tabela 4.15 mostra que a maioria dos professores de biologia lecciona esta disciplina em todos os níveis.

e. Tamanho da turma

O tamanho da turma influencia a utilização dos recursos, especialmente quando estes são escassos. Quando questionados sobre o tamanho das turmas que poderiam ensinar sem problemas usando os recursos, muitos professores responderam que poderiam facilmente ensinar uma turma de quarenta alunos.

4.2.1 Respostas ao objetivo 1: tipo de recursos utilizados pelos professores

Quando questionados sobre os tipos de recursos que normalmente utilizam na escola, a maioria dos professores mencionou livros impressos (principalmente manuais escolares). As frequências e as percentagens foram deduzidas dos dados brutos do questionário dos professores.

Tabela 4.16. Recursos habitualmente utilizados pelos professores nas escolas

S. Não.	Recursos	Frequência	Percentagem
1	Audiovisual	8	35
2	Imprimir	14	61
3	Realia	5	22

O número total de inquiridos foi superior a 100%, uma vez que mais de três professores fizeram escolhas múltiplas quanto ao seu meio de comunicação preferido, com sessenta e um por cento dos professores a indicar que a impressão era o meio de ensino mais utilizado e os meios reais o menos. Kimui (1988) e Nyongesa (1990) notam que as nossas escolas continuam a funcionar como se a impressão fosse o único meio de instrução disponível. Davies (1975) descreve esta fonte de informação como "passiva" e precisa de ser activada para permitir a sua utilização direta através dos meios de comunicação.

4.2.2 Objetivo 2: Frequência de utilização dos recursos

Quando questionados sobre a frequência de utilização dos recursos, os professores responderam que a utilização dos recursos se limitava geralmente ao ensino prático.

Quadro 4.17: Frequência de utilização dos materiais de ensino e aprendizagem disponíveis nas escolas secundárias do distrito de Siaya

S. Não.	Nível de utilização dos recursos	Frequência	Percentagem
1	Cada curso	6	26
2	Durante as aulas práticas	15	65
3	De quinze em quinze dias	12	9

Os professores afirmaram que os meios audiovisuais, os materiais impressos e os objectos reais eram geralmente utilizados nas suas escolas (Quadro 4.12). Estes recursos são utilizados principalmente durante as aulas práticas (65%) e na sala de aula (26%). Alguns professores (9%) utilizam estes recursos uma vez por semana.

i. Razões para a não utilização frequente dos recursos

Quando lhes foi perguntado porque é que não utilizavam frequentemente os recursos, muitos professores disseram que os recursos eram limitados e que era difícil improvisar alguns recursos essenciais, como o microscópio. No entanto, eles

apreciaram a importância de usar recursos, como mostram as suas respostas na

tabela abaixo.

**Quadro 4.18: Razões para a utilização de recursos biológicos nas escolas
secundárias do distrito de Siaya**

Respostas	Frequência	Percentagem
Para maior clareza de pensamento	6	26
Tornar a aprendizagem uma realidade	5	22
Proporcionar aos estudantes uma experiência prática	7	30
Despertar o interesse dos alunos	5	22
Total	**23**	**100**

ii. Utilização de recursos fora do recinto escolar

Muitos professores levam os seus alunos em viagens de estudo. Estas actividades,

realizadas por outras pessoas fora da escola, ajudam os alunos a desenvolver a sua

curiosidade e interesse pela aprendizagem (Hughes & Hughes, 1966).

Quadro 4.19. Levar os alunos a aprender fora da escola

Resposta	Frequência	Percentagem
Sim	13	57
Não	10	43
Total	23	100

O quadro 4.19 mostra que mais de metade dos professores leva os seus alunos em

viagens de estudo para aprender. Este tipo de viagem motiva os alunos e permite-lhes

ver os recursos num ambiente diferente (Parkinson, 1994) e clarificar ideias

(Trowbridge, Leslie, Bybee & Powel, 2004), conduzindo a uma aprendizagem eficaz

(Hughes & Hughes, 1966). As respostas à pergunta sobre o tipo de recursos a que estão expostos durante a excursão foram variadas, com os inquiridos a mencionarem

mais do que um recurso, como se mostra na tabela abaixo.

Quadro 4.20: Tipos de recursos utilizados durante a viagem/visita/excursão

Resposta	Frequência	Percentagem
Pessoa de recurso	9	39
Actividades como peças de teatro e espectáculos	6	26
Espécimes reais	6	26
Locais como fábricas	2	9
Total	**23**	**100**

O quadro 4.20 mostra que os alunos interagem com um certo número de recursos a que não estão expostos na escola. As pessoas especializadas no domínio visitado, por exemplo numa fábrica, proporcionam aos alunos uma experiência em primeira mão, complementando os conhecimentos adquiridos nos livros com aspectos práticos no terreno. As actividades e os jogos em locais como um local de exposição e espécimes reais no seu ambiente natural despertam a curiosidade e conduzem a um ensino e aprendizagem eficazes, o que, em última análise, melhora o desempenho dos alunos.

iii. Utilização dos recursos pelos estudantes

Quando questionados sobre se os seus alunos utilizavam os recursos de aprendizagem

sem a iniciativa do professor, cerca de metade dos professores (48%) responderam

afirmativamente, enquanto o mesmo número (48%) respondeu negativamente e um

número muito reduzido (2%) não respondeu. Os alunos responderam NÃO (57%) e

SIM (40) a esta pergunta. Isto significa que muitos professores pensam que os alunos

estão expostos a uma multiplicidade de recursos que utilizam como parte da

aprendizagem informal. Os alunos podem pensar na aprendizagem formal em termos

de recursos. Esta pode ser também a razão pela qual os professores não estão

empenhados (2%).

iv. Acesso ao centro de aprendizagem INSET

Cerca de um quarto (23%) dos professores disseram ter acesso a um centro INSET perto da sua escola, enquanto três quartos (77%) disseram não ter acesso a um centro

INSET perto da sua escola.

v. Empréstimo de material didático e pedagógico

A maioria dos professores não pede emprestados recursos de ensino e

aprendizagem aos centros INSET. Um grande número (83%) disse que não pedia

recursos emprestados, enquanto um pequeno número (17%) disse que pedia

recursos emprestados aos centros INSET.

4.2.3 Resposta dos professores ao objetivo 3 (desafios relacionados com a utilização das TIC)

Os desafios associados à utilização dos recursos foram variados e numerosos, mas

o desafio mais frequentemente citado foi a insuficiência de recursos (28%),

enquanto a burocracia na obtenção de recursos foi o menos citado (9%).

Tabela 4.21: Desafios relacionados com a utilização de recursos no processo de ensino e aprendizagem

S. Não.	Respostas	Frequência	Percentagem
1	Burocracia na utilização dos recursos	2	9
2	Recursos insuficientes	5	28
3	Escassez de técnicos de laboratório	3	12
4	Nenhum centro de recursos	3	13
5	Turmas numerosas	3	12
6	Custo de aquisição elevado	4	13
7	Uma carga lectiva pesada e, por conseguinte, menos preparação	3	13
	Total	**23**	**100**

Os professores entrevistados expressaram diferentes pontos de vista sobre como enfrentar os desafios da utilização de recursos, como mostra a Tabela 4.22. Os professores entrevistados também expressaram diferentes pontos de vista sobre como enfrentar os desafios da utilização de recursos.

Quadro 4.22: Superar a escassez de recursos

Artigo	Frequência	Percentagem
Um professor deve frequentar o centro INSET	2	9
Doação de livros às escolas	3	13
Funcionamento quotidiano do centro INSET	2	9
Recursos de compra	4	17
Reduzir a carga de trabalho dos professores	3	13
Os professores têm de improvisar recursos	4	17
Reduzir o número de alunos por turma	3	13

Os professores tinham opiniões diferentes sobre a forma de ultrapassar a falta de recursos. De acordo com as respostas aos questionários preenchidos, apenas um terço das escolas dispunha de computadores. Quando lhes foi perguntado se utilizavam computadores, muitos (74%) disseram que sim, enquanto cerca de um quarto (26%) disse que não.

Quadro 4.23: Utiliza computadores para o ensino e a aprendizagem?

Item	Frequency	Percentage (%)
Sim	6	26
Não	17	74

Os que afirmaram utilizar as TIC indicaram que utilizavam os computadores para ensinar, e aprendizagem. Quando questionados sobre a frequência de utilização, cerca de um terço (33%) dos alunos afirmou utilizar o computador.

afirmaram utilizá-los frequentemente, enquanto cerca de dois terços (67%) afirmaram

raramente os utilizam

Quadro 4.24: Desafios associados à utilização das TIC

Resposta	Frequência	Percentagem
Falta de CDs relevantes	5	15
Fator de custo	9	40
Elevada frequência de falhas de energia	6	25
Espaço insuficiente no laboratório de informática	5	20
Total	**25**	**100**

Uma grande percentagem de professores (74%) reportou usar computadores, mas o principal desafio para usar computadores era o custo, de acordo com muitos professores (40%) que os usam. Um quarto dos professores citou cortes de eletricidade como uma barreira para o uso de computadores nas escolas. Espaço insuficiente no laboratório de computadores foi citado por um quinto dos professores (20%) como uma barreira para o uso de computadores nas escolas. Um número menor de professores (15%) sentiu que a falta de CDs apropriados para armazenar informação era uma barreira para o uso de computadores como instrumentos de ensino e aprendizagem nas escolas secundárias do distrito.

4.2.4 Objetivo 4: Relação entre a utilização dos recursos e o desempenho académico

O investigador constatou que o desempenho é a soma de muitos factores relacionados com a utilização de recursos. O investigador utilizou uma escala de Likert modificada (Tabela 4.25) para avaliar as opiniões dos professores e determinar o desempenho global. A Tabela 4.25 foi usada para recolher informações dos professores com base nas suas respostas aos questionários que lhes foram fornecidos. Maritim (1983) verificou que a qualidade da interação professor-aluno estava positiva e significativamente correlacionada com o desempenho do aluno e que os resultados académicos dependem do autoconceito, do potencial e da motivação.

Tabela 4.25. Opiniões dos professores sobre os factores que influenciam os resultados escolares

Legenda; SA-Concordo **totalmente;** A-Concordo; UD-Não claro; **D-Discordo;** **SD-Concordo** totalmente

Sem acordo

Artigo	Percentagem de aprovação Classificações (%)				
	SA	A	UD	D	SD
A nossa escola dispõe de recursos suficientes em biologia	0	26	09	65	0
Utilizo recursos quando ensino biologia.	0	35	26	35	0
Há mais de cinquenta (50) alunos na minha turma	17	35	0	35	13
Os meus alunos de biologia são menos de cinquenta (50) na turma	0	26	0	57	17
Temos o nosso próprio laboratório de biologia na nossa escola	04	09	0	09	78
Utilizo principalmente métodos expositivos e de demonstração na sala de aula.	17	65	0	09	09
A nossa autoridade escolar apoia-nos na aquisição de recursos	04	61	09	09	17

	09	17	0	61	13
Tenho tempo suficiente para planear aulas práticas de biologia.					
Os meus alunos têm um bom desempenho em biologia	0	35	0	52	13

a) Recursos de biologia correspondentes

Cerca de um quarto (26%) dos professores descreveu os recursos como adequados, enquanto um pequeno número (9%) não quis fazer comentários. Cerca de dois terços (65%) discordaram que os recursos de ensino e aprendizagem de biologia eram adequados.

b) Utilização de recursos no ensino

Um número razoável de professores (35%) é favorável à utilização de recursos, enquanto cerca de um quarto (26%) está indeciso sobre a questão e os restantes (35%) rejeitam a ideia.

c) Número de alunos por turma

Cerca de metade (52%) dos professores concordaram que tinham mais de cinquenta alunos nas suas turmas, enquanto quase metade (48%) discordaram. Na pergunta inversa (turmas com menos de 50 alunos), cerca de metade (24%) responderam que tinham menos de cinquenta alunos na sua turma, enquanto cerca de três quartos (74%) responderam que os seus alunos eram mais de cinquenta. É possível que o âmbito da pergunta "menos de cinquenta", que poderia significar qualquer coisa entre um e cinquenta, fosse demasiado amplo para suscitar uma resposta clara.

d) Laboratório de biologia separado na escola

Um pequeno número de professores (13%) concordou que dispunha de um laboratório separado para trabalhos práticos de biologia, enquanto a maioria (87%) disse que não dispunha de um laboratório separado.

e) Utilizar o método expositivo para ensinar biologia

A maioria (82%) dos professores confirmou que utilizava aulas teóricas e demonstrações nas suas aulas de biologia, enquanto uma minoria (18%) afirmou que não. **f) Apoio da direção da escola na obtenção de recursos**

Um grande número de professores (65%) disse que a direção da escola os ajudou a obter recursos, 26% disseram que não foram ajudados, enquanto 9% não foram envolvidos.

g) Tempo suficiente para planear cursos práticos

Cerca de um quarto (26%) dos professores afirmou ter tempo suficiente para planear aulas práticas de biologia, enquanto a maioria (74%) afirmou o contrário.

h) Desempenho em biologia

Mais de um terço (35%) dos professores afirmaram que os seus alunos tiveram um bom desempenho em

biologia, enquanto dois terços (65%) consideram que os resultados dos seus alunos são maus.

Tabela 4.26: Lista de controlo para materiais didácticos de biologia

Livros didácticos	Título dos manuais	Disponibilidade		Número na biblioteca	Proporção de utilizadores de manuais escolares
		Adequado	Insuficiente		
Livros escolares recomendados pelo Ministério (estudantes)	Biologia no ensino secundário KLB Bk 2	42	58	Adequado	2:1 (provincial) 4:1 (Distrito)
Livros adicionais para professores	Noções básicas de biologia - Longman explorers, Longhorn High Flier Certificate Biology, Comprehensive Secondary Biology (Oxford)	30	70	Dificilmente	10:1

Livros de referência para professores	KLB Macmillan Sec Biology Teacher's Manual, Comprehensive Biology, text it fix it KCSE Gate Way Secondary, dicas de ouro, abordagem funcional, biologia moderna, abordagem integrada	40	60	Moderado	3:1
Obras de referência para estudantes	Noções básicas de biologia, nota máxima, medalha de ouro, descoberta do ensino secundário, certificado de biologia	25	75	Dificilmente	10:1
Outras ferramentas educativas	Designação do material didático	Adequado	Insuficiente	Número nas escolas	Sinais de utilização
Cartões produzidos comercialmente	Sistema respiratório, sistema digestivo, mecanismo do corpo, sistema circulatório, olho de mamífero, ouvido de mamífero.	60	40	Rico	Pendurado na parede
Modelos	olho, ouvido, coração, rim, sistema reprodutor masculino, sistema reprodutor feminino	30	70	Dificilmente	Usado
O professor faz	Pinturas, curadores, rede de aterragem, sino de vidro, quadrante	35	65	Dificilmente	Suspenso
Os alunos	Cartas marítimas, redes de exploração	20	80	Dificilmente	Alguns danificados
O equipamento	Equipamento, microscópios, lupas	30	70	Rico	Algumas fissuras
Audiovisual	Nome do material didático	Disponível em	Não disponível	Número na escola	Sinais de utilização
Áudio	Rádio	20	80	Dificilmente	
Visual	Lâminas retidas	70	30	Rico	
Audiovisual	Registos , CD	40	60	Dificilmente	
Realia	Exemplares engarrafados	30	70	Rico	

4.3 Resultados da lista de controlo de observação

A Tabela 4.26 mostra que os livros de texto suplementares, livros de referência para os alunos, modelos, materiais audiovisuais de ensino e aprendizagem não estavam amplamente disponíveis no distrito. Os manuais recomendados publicados pelo Gabinete de Literatura do Quénia (KLB) eram suficientes, com um rácio aluno/livro de 2:1 nas escolas provinciais e 4:1 nas escolas distritais. A tabela também mostra que os diagramas, aparelhos e fichários produzidos comercialmente estavam disponíveis em número suficiente para ensinar os alunos de forma satisfatória. O número de livros especializados para professores era razoavelmente adequado, com um rácio de 3:1 para professores e 10:1 para alunos. Os livros suplementares para professores têm um rácio de 10:1 por livro.

O investigador considerou que um rácio de divisão de 4:1 para os manuais escolares era o limite mais estendido para uma aprendizagem eficaz. Óculos, lupas, diapositivos e outros equipamentos que pudessem ser partilhados por dois alunos foram considerados suficientes. Outros instrumentos de ensino e aprendizagem, como diagramas sobre cada matéria para uma turma de quarenta e cinco alunos, também foram considerados suficientes, assim como um computador para cada dois alunos. No geral, as escolas a nível provincial estavam razoavelmente bem equipadas com recursos convencionais, enquanto que as escolas a nível distrital, com um elevado rácio aluno/recurso (Tabela 4.26), estavam na sua maioria com poucos recursos.

4.4 Resultados do plano de observação do ensino

O investigador observou a sala de aula ao vivo e registou as suas observações utilizando um plano de observação da sala de aula. O investigador sentou-se no fundo da sala de aula, enquanto os professores ensinavam com ferramentas em algumas aulas e sem ferramentas noutras. O investigador visitou previamente a sala de aula e informou os alunos de que estudaria com eles quando regressasse. Nas três escolas seleccionadas para a observação do ensino, foram escolhidas duas turmas equivalentes. Uma turma foi leccionada com recurso a materiais didácticos e pedagógicos, enquanto a outra foi leccionada pelo seu professor sem recurso a materiais didácticos, conforme acordado entre o professor e o investigador. O objetivo da observação do ensino era determinar se a utilização de materiais didácticos e pedagógicos tinha impacto no desempenho académico dos alunos, com base nos testes realizados. O investigador seleccionou três escolas para a observação. Estas escolas fizeram parte da amostra para a observação do ensino. Os dois testes foram corrigidos pelo investigador. Foram analisadas as diferenças entre os resultados. Verificou-se que, em cada escola, os alunos que receberam ensino com ferramentas obtiveram melhores resultados do que os alunos que receberam ensino sem ferramentas. A pontuação média dos alunos ensinados com ferramentas foi mais elevada (54%) do que a dos alunos ensinados sem ferramentas (48%), o que demonstra que a utilização de ferramentas durante o ensino melhora os resultados. Os testes foram seleccionados a partir de exames KCSE normalizados e moderados por examinadores experientes (ver Anexo ix).

Quadro 4.27. Notas médias dos alunos ensinados com ou sem apoio no distrito

Atividade	Percentagem (%) no teste marcado
Aula leccionada sem recursos T/L	48
Aulas que utilizam recursos T/L	52

O investigador avaliou a atividade, a concentração e o interesse dos alunos durante as aulas e verificou que estes indicadores eram mais elevados nas turmas em que o ensino era ministrado com recurso a ferramentas de ensino e aprendizagem. Testes separados com os alunos mostraram que a nota média dos alunos ensinados sem ferramentas era de 48%. Em contrapartida, a nota média dos alunos que foram ensinados com ferramentas durante a mesma aula foi de 52%. Concluiu-se que a utilização de ferramentas de ensino e aprendizagem constitui um valor acrescentado para o desempenho académico.

4.5 Resultados da utilização do plano de entrevistas para os directores das escolas

Foram feitas entrevistas estruturadas utilizando um plano de entrevistas a vinte e três directores de escolas no distrito de Siaya, um de cada uma das escolas seleccionadas no estudo. Estes representavam um quarto (25%) do número total de directores de escolas no distrito. O objetivo do inquérito era verificar a informação fornecida pelos alunos e professores no questionário e obter uma visão completa e equilibrada de todos os factores relacionados com a utilização do programa de estudos.

Ferramentas para o ensino e a aprendizagem da biologia e os resultados académicos dos alunos

resultados. O investigador registou as respostas dos directores durante a entrevista utilizando um gravador, que foi depois utilizado para determinar o nível de utilização de recursos nas escolas.

Quando perguntados sobre a adequação dos recursos para o ensino e aprendizagem da biologia nas suas escolas, a maioria (80%) dos directores disse que tinham poucos recursos, enquanto 20% disseram que as suas escolas tinham recursos adequados. Significativamente, os poucos directores (20%) que disseram que tinham recursos adequados vieram de quatro escolas na província que, de acordo com a lista de escolas do WD office, tinham recursos adequados.

O aspeto da utilização dos recursos de ensino e aprendizagem é essencial para saber se os objectivos de aprendizagem podem ser alcançados, tendo em conta o que os nossos alunos precisam de saber (Brown & Wragg, 1993). Quando questionados sobre a utilização dos recursos nas suas escolas, muitos directores (60%) afirmaram que os recursos disponíveis não estavam a ser utilizados da melhor forma. Um quarto (25%) disse que estavam a ser utilizados de forma moderada, enquanto uma minoria (15%) disse que estavam a ser utilizados ao máximo. A maioria dos directores considera que os recursos disponíveis não são utilizados da melhor forma.

A utilização de recursos tem os seus próprios desafios, que são bem conhecidos dos directores de turma, a maioria dos quais são professores activos. Os directores de escola não hesitaram em apontar a falta de recursos como o principal desafio na utilização dos recursos. No entanto, um quarto (25%) dos directores identificou a falta de improvisação como o maior desafio, enquanto a mesma percentagem (25%) identificou a falta de gestão dos recursos disponíveis como um desafio.

O investigador constatou que pode haver falta de planeamento e de conhecimentos por parte dos professores (Lawton, Campbell & Burkitt, 1997), tendo os responsáveis (25%) referido a falta de experiência. O investigador perguntou então se a formação e as qualificações dos professores influenciavam o desempenho dos alunos em biologia. Muitos directores de escola (60%) responderam afirmativamente, alguns (30%) disseram que influenciava em certa medida, enquanto uma minoria (10%) disse que não influenciava. Perguntou-se aos directores se consideravam que a disponibilidade e a utilização de recursos de ensino e aprendizagem da biologia contribuíam para os resultados dos alunos. Um diretor de escola, que também é formador de biologia do SMASSE no distrito, afirmou: "A disponibilidade de recursos permite que os alunos realizem mais actividades práticas e melhora a sua compreensão e desempenho. A opinião do diretor está de acordo com Sepulveda (1983), que afirma que a utilização de recursos didácticos influencia fortemente a aprendizagem e determina em grande medida o desempenho.

O investigador colocou uma última questão aos directores das escolas sobre o que poderia ser feito para melhorar os resultados dos alunos em biologia. As suas respostas foram variadas e numerosas. O investigador sintetizou estas respostas e classificou-as em quatro propostas principais (quadro 4.28).

Quadro 4.28: Sugestões do diretor da escola para melhorar os resultados dos alunos em biologia

Sugestões	Frequência	Percentagem (%)
Mais trabalho prático (actividades práticas) sob a orientação do professor	9	39
fornecer-lhe mais recursos de aprendizagem para a aprendizagem individual em grupo (aprendizagem cooperativa)	7	30
Formação adequada dos professores, incluindo a formação em serviço (INSET)	3	13
convidá-los para visitas e/ou a examinadores experientes para debate e orientação	2	9
Tarefas/atribuições de investigação adequadas na biblioteca, em casa ou no terreno como projeto pessoal	2	9

A melhoria do desempenho académico esteve no centro dos desejos dos directores de escola. 39% dos directores sugeriram que deveria ser feito mais trabalho prático para melhorar o desempenho académico dos alunos em biologia. Esta opinião é partilhada por Bennars e Otiende (1994) e Ellington (1985). A formação adequada dos professores foi sugerida pelos directores como uma condição necessária para que os professores tenham um bom desempenho na sala de aula, o que poderia melhorar os resultados dos alunos. Foi o que o governo queniano fez em colaboração com o governo japonês, no âmbito da JICA, para reforçar o ensino das ciências e da matemática no Quénia, sob a égide do SMASSE. A proposta dos directores de dar mais tarefas (9%) enquadra-se bem no método de aprendizagem individualizada que Beswick (1977) considera importante para a motivação dos alunos. Os directores também sugeriram que os alunos fossem expostos a recursos de aprendizagem na escola (30%), o que Parkinson (1994) sugere ser muito eficaz para o processo de aprendizagem.

4.6 Relação entre a utilização de recursos e o desempenho académico

A maioria dos directores inquiridos (39%) considerou que era necessário mais trabalho prático para melhorar os resultados da biologia nas escolas. Isto está de acordo com as sugestões de Saunders de que muita da aprendizagem (83%) ocorre quando *o* professor envolve o sentido da visão dos alunos, e que os alunos retêm cinquenta por cento do que aprendem olhando e ouvindo, em oposição aos vinte por cento que aprendem apenas ouvindo. Os professores (26%) também afirmaram que a utilização de ferramentas na aula contribuía para a clareza das ideias. Os alunos referiram que, por vezes, utilizavam recursos durante o processo de ensino e aprendizagem. Este facto levou os professores (65%) e os directores de escola (75%) a afirmarem que os alunos tinham um fraco desempenho em biologia.

O investigador também demonstrou, através de testes, que os resultados académicos dos alunos melhoraram quando foram ensinados com ferramentas

(51%) e não quando foram ensinados sem ferramentas (48%). No distrito de Siaya, a nota média em biologia aumentou 0,8 nos cinco anos que se seguiram ao início da formação em serviço no distrito, em comparação com o período anterior à formação. A formação inicial e em serviço de professores (INSET) tem por objetivo fornecer aos professores uma abordagem prática do ensino das ciências e da matemática, utilizando ferramentas de ensino e aprendizagem. Os conhecimentos sobre a relação entre a utilização de recursos e os resultados educativos indicam que a disponibilidade e a utilização correcta dos recursos de ensino e aprendizagem melhoram os resultados educativos (Patel & Mukwa, 1993).

4.7 Resumo

Os alunos utilizam sobretudo livros impressos (95%) como principal fonte de aprendizagem. Trata-se sobretudo de manuais escolares e obras de referência. Os alunos recorrem mais a estes recursos para aprender do que os professores para ensinar (61%). Os resultados também mostram que, segundo os alunos, os recursos de ensino e aprendizagem são disponibilizados pelos professores na sala de aula (86%). De acordo com os professores (45%) e os alunos (69%), os directores de escola compram geralmente os recursos. Os recursos didácticos e pedagógicos são insuficientes, segundo os alunos (74%), os professores (65%) e os directores das escolas (80%). Os professores improvisam, em certa medida, com os recursos (17%). Os alunos não estão motivados para utilizar os recursos de ensino e aprendizagem de forma autónoma, segundo os professores (48%) e os alunos (57%).

Os professores (65%) também indicaram que não utilizam frequentemente certas ferramentas de ensino e aprendizagem, como dados reais e gráficos, mas apenas em aulas práticas. Isto significa que os professores se baseiam principalmente em aulas teóricas (89%). Segundo eles, o principal desafio na utilização de recursos é a sua inadequação (33%), que tentam ultrapassar através da partilha de recursos existentes (39%). Os professores improvisam sempre que possível (17%) e levam os alunos em visitas de estudo para aprenderem ao ar livre (57%). A Biologia, enquanto disciplina prática das ciências, não pode ser ensinada e compreendida sem um contacto frequente com actividades práticas. Por este motivo, os professores referem que as principais razões para a utilização de instrumentos na sala de aula são a clarificação de ideias (26%), o despertar do interesse dos alunos (22%) e a desmistificação da matéria através da observação de exemplares (22%). Recursos insuficientes combinados com aulas teóricas como método de ensino resultaram num pior desempenho nos exames entre 1999 e 2003, antes do início do INSET no distrito, de acordo com os professores (65%), alunos (25%), investigadores de testes administrados (48%) e o KCSE (média 5,47).

CAPÍTULO CINCO

RESUMO DAS CONCLUSÕES E RECOMENDAÇÕES

5.1 Introdução

Este capítulo contém um resumo dos resultados, o impacto dos resultados, conclusões, recomendações e sugestões para investigação futura. O objetivo deste estudo era examinar a utilização de materiais de ensino e aprendizagem de biologia e o seu impacto no desempenho académico dos alunos no distrito de Siaya.

5.2 Resumo

A análise e discussão dos dados no quarto capítulo mostram que vários factores influenciaram a utilização dos recursos de ensino e aprendizagem em biologia, o que teve um impacto nos resultados educativos dos alunos do distrito. Estes factores incluem factores relacionados com os recursos, factores relacionados com os alunos, factores relacionados com os professores e condições de aprendizagem.

5.2.1 Factores de recursos

Os factores de recursos incluem a disponibilidade e a adequação dos recursos de ensino e aprendizagem.

Disponibilidade: é um critério para o desempenho de um sistema reparável que tem em conta tanto a fiabilidade como a manutenção das características de um componente ou sistema (Beswick, 1977). Os alunos (65%) queixaram-se de que os recursos existentes nas escolas eram velhos, desactualizados e difíceis de utilizar. Os manuais escolares são, de acordo com a maioria dos alunos (95%) que comentaram este facto, os recursos impressos mais disponíveis nas escolas.

Adequação: a insuficiência de recursos foi mencionada por todas as categorias de inquiridos. Os professores (65%), os alunos (74%) e os directores (80%) concordaram que os recursos eram insuficientes. Os manuais escolares, citados pelos alunos (95%) como os principais recursos de aprendizagem, foram distribuídos pelos alunos nas escolas secundárias de Siaya num rácio de 2:1 nas escolas provinciais e de 4:1 nas escolas distritais, de acordo com a lista de verificação de observação. O rácio entre professores e manuais escolares era de 2:1 nas escolas provinciais e de 4:1 nas escolas distritais.

Os livros suplementares estavam presentes numa proporção de 3:1 nas escolas provinciais e 10:1 nas escolas distritais. O estudo também revelou que os laboratórios de biologia tinham muito poucos, ou nenhuns, diagramas, modelos, aparelhos e ferramentas audiovisuais (ver Tabela 4.25). O quadro apresenta algumas ferramentas utilizáveis, como os diagramas elaborados pelos professores. Estes foram utilizados para ilustrar e resumir conceitos, tal como o investigador pôde observar durante as aulas. De acordo com Patel e Mukwa (1993), a falta de recursos dificulta a realização dos objectivos de aprendizagem. A maioria dos professores (65%) afirmou que os seus alunos não estavam a ter um bom desempenho em biologia.

5.2.2 Factores dos estudantes

Muitos estudantes não fazem estágios em biologia ou fazem-nos sozinhos, sem os seus professores. Os estudantes afirmam que não fazem estágios por conta própria. Este ponto de vista foi apoiado por muitos professores (74%), que também o defendem. Beswick (1977) refere que é necessário disponibilizar recursos adequados para que os alunos beneficiem da aprendizagem baseada em recursos. A aprendizagem individualizada leva os alunos a assumir a responsabilidade pela sua aprendizagem, pelo que tanto os alunos que preferem trabalhar sozinhos como os que preferem trabalhar em grupo podem beneficiar. No entanto, também é necessário ter em conta as variáveis dos alunos, como a inteligência, o comportamento de entrada e a disciplina de aprendizagem.

5.2.3 Factores relacionados com o professor

Os factores que influenciam os professores incluem as técnicas de ensino, a organização de visitas e excursões, a formação e as competências, particularmente na utilização de recursos, e a capacidade de planear aulas práticas de forma eficaz. No que respeita às técnicas de ensino, a maioria dos professores indicou que utilizava métodos expositivos e de demonstração (89%). Victor (1975) afirma que a aprendizagem deve ter lugar através da exploração e da descoberta, se se pretende uma aprendizagem correcta.

A maioria dos professores (43%) e dos alunos (82%) afirma que os alunos não são levados a excursões ou viagens de estudo. Os professores que ocasionalmente fazem uma visita de estudo com os alunos vão sobretudo a escolas próximas. Muitos alunos consideram que isto não pode ser considerado uma saída da escola e esta pode ser a razão para a diferença percentual acima referida entre as respostas dos alunos e dos professores à pergunta sobre saídas da escola. Os professores devem assegurar-se de que podem pedir emprestados recursos ao centro INSET mais próximo, se necessário. O inquérito aos professores mostrou que estes não pedem recursos emprestados (85%). Apenas alguns professores indicaram que pediam recursos emprestados ao centro INSET. A maioria dos professores no distrito (48%) tinha mais de seis anos de experiência de ensino. Quarenta e oito por cento tinham mesmo uma experiência de ensino de quinze anos ou mais. De acordo com entrevistas com directores de escolas, a maioria dos professores (95%) tinha assistido a todos os INSETs, mas a sua atitude em relação ao ensino tinha mudado pouco.

5.2.4 Condições de aprendizagem

As condições que os aprendentes enfrentam influenciam o seu desempenho, quer disponham de recursos e os utilizem ou não. Algumas destas condições são deliberadas, outras são aleatórias.

a. Turmas numerosas - Os alunos, os professores e os directores das escolas referiram turmas numerosas. A dimensão média das turmas era de sessenta alunos, quando o Ministério da Educação impõe um máximo de quarenta e cinco alunos por turma. Muitos professores (52%) disseram que tinham mais de cinquenta alunos nas suas turmas. Quando lhes foi perguntado qual era o número ideal de alunos que podiam ensinar com os recursos disponíveis, a resposta média foi quarenta e quatro.

b. Apoio dos directores. A maioria dos professores (65%) concorda que a direção da escola os ajuda a obter recursos. Isto deveria naturalmente levar a uma abundância de recursos na escola. Quando questionados sobre os desafios que enfrentam na utilização dos recursos, alguns professores (40%) mencionaram o custo dos recursos. Assim, é possível que o apoio da direção da escola não se traduza suficientemente na aquisição de recursos devido a constrangimentos financeiros.

5.2.5 Planificação do ensino prático

A maioria dos professores ensinava as quatro turmas (turmas 1 a 4), com exceção da sua segunda disciplina. Com mais de sessenta alunos em cada turma, o planeamento das aulas práticas tornou-se um desafio. Quando lhes foi perguntado se tinham tempo suficiente para planear as suas aulas práticas, a maioria dos professores (74%) disse que não tinha tempo suficiente para planear as suas aulas, enquanto poucos (26%) disseram que tinham tempo suficiente para planear as suas aulas.

5.3 Implicações dos resultados

Os resultados do estudo têm as seguintes implicações para a utilização de materiais de ensino e aprendizagem em biologia e os efeitos resultantes no desempenho académico dos estudantes.

1. A inadequação dos materiais de ensino e aprendizagem em biologia (65%), das instalações (83%) e da utilização (38%) significa que os professores têm de se basear em palestras e demonstrações (89%) para transmitir conhecimentos, o que não é um meio eficaz no processo de ensino e aprendizagem. O efeito a curto prazo de tais métodos de ensino é um fraco desempenho em biologia (65%). O efeito a longo prazo é a produção de cientistas incapazes de praticar efetivamente.

2. Como os alunos não são regularmente expostos a actividades práticas e não são capazes de realizar actividades práticas de forma independente (57%), a clareza e a capacidade de inovação dos alunos diminuirão. Os nossos alunos não terão autonomia e, como esta situação também afecta outras disciplinas científicas, o objetivo do milénio de industrialização até 2030 será difícil de alcançar, de acordo com o inquérito aos directores de escolas.

3. São necessários mais professores de biologia nas escolas para manter o rácio

professor/aluno de 1:40.

5.4 Conclusão

Os resultados do estudo levam às seguintes conclusões:

a) A maior parte dos instrumentos pedagógicos essenciais recomendados para o ensino e a aprendizagem da biologia estavam disponíveis nas escolas do distrito, mas eram insuficientes.

b) Os manuais escolares foram os recursos mais disponíveis, como confirmado pelos alunos (95%), e os vídeos os menos.

c) Os professores apreciaram o papel desempenhado pelos recursos didácticos no processo de ensino e aprendizagem, utilizando os recursos didácticos disponíveis durante as suas aulas, tal como indicado pelos alunos (71%) e por eles próprios (38%).

d) A maioria dos professores não leva os seus alunos em viagens de estudo, privando-os da oportunidade de clarificarem as suas ideias através da interação com o ambiente e o pessoal (Trowbridge, Leslie, Bybee & Powel, 2004).

e) A maioria dos professores (74%) que responderam ao questionário sobre a utilização de recursos não está familiarizada com as tecnologias da informação e da comunicação (TIC). Com o rápido aparecimento do e-learning no sistema educativo mundial, os nossos sistemas de aprendizagem correm o risco de ficar para trás. A utilização de aplicações informáticas, como o ensino assistido por computador, aumenta o tempo de aprendizagem numa percentagem razoável (10%) (Robler et al., 1988), tornando assim a aprendizagem mais eficaz.

f) Segundo os alunos (6%), alguns equipamentos didácticos das escolas precisam de ser renovados e/ou reparados devido à sua idade.

g) Segundo os directores de escola (90%) e os professores (65%), o desempenho dos alunos é afetado pela persistente falta de recursos. Embora os alunos tenham registado bons resultados (61%), outros indicadores, como a análise dos exames distritais e as notas obtidas nas observações de aulas do investigador, combinadas com as observações dos directores e professores, revelaram o contrário. Isto deve-se provavelmente ao facto de o investigador ter deixado as perguntas sobre o desempenho em aberto e não ter estabelecido limites quantitativos para as categorias de desempenho.

5.5 Recomendações

A utilização de materiais de ensino e aprendizagem de biologia é muito importante para a obtenção de bons resultados nos cursos de biologia. O investigador fez as seguintes recomendações:

i. **Disponibilização de recursos -** Os directores das escolas devem disponibilizar recursos básicos. Os professores de biologia devem criar aquários simples, viveiros e jardins botânicos nas escolas. O governo deveria também fornecer recursos básicos às escolas através de fundos especiais.

ii. **Subsidiar computadores importados - O** governo deve subsidiar o custo dos computadores e do software e hardware associados para que as escolas os possam comprar. Isto incentivará os professores a utilizar as TIC na sala de aula para tornar a aprendizagem mais eficaz.

iii. **Atualização dos programas de formação de professores - Para** garantir que os novos professores estejam a par das exigências práticas da mudança curricular e dos aspectos tecnológicos do ensino, como a aprendizagem eletrónica e as actividades inovadoras baseadas em recursos. É desejável uma revisão regular dos programas de formação de professores à luz da evolução das tendências no domínio da educação.

iv. **Improvisação de recursos de ensino e aprendizagem** - Os professores devem tentar improvisar recursos nas suas escolas com base nos conhecimentos adquiridos nos centros INSET e na formação em serviço.

v. **Criação de centros de recursos - As escolas** e as comunidades circundantes devem ser informadas da disponibilidade de recursos didácticos e pedagógicos e, sempre que possível, deve ser criado um centro de recursos didácticos próximo de um agrupamento de escolas para melhorar a aprendizagem.

5.6 Sugestões para investigação futura

a) O inquérito realizado num distrito - Siaya - não é representativo do país no seu conjunto. Deveriam ser realizados inquéritos semelhantes noutros distritos.

b) O objetivo era investigar até que ponto os professores de biologia poderiam melhorar os recursos de ensino e aprendizagem e fazer recomendações sobre medidas para garantir a disponibilidade e a utilização de recursos de ensino e aprendizagem de biologia nas escolas secundárias do Quénia.

c) Temos de analisar por que razão os professores nem sempre ensinam com os recursos disponíveis nas suas escolas.

d) Um estudo para analisar a relação entre a utilização contínua dos recursos de T/L e o seu impacto no futuro potencial científico dos estudantes.

REFERÊNCIAS

Alsop, S. & Keith, H. (2001). *Teaching science. A handbook for primary and secondary teachers*. Longman, Reino Unido.

Aryl, D., Jacobs, L. & Razavieh A. (1972). *Introduction to educational research*. Nova Iorque: Winston.

Bell, J. (1993). *Doing your research project*. Buckingham: Open University Press.

Best, J. & Kahn, J. (1992). *Educational research*. Nova Iorque: Prentice Hall Inc.

Beswick, N. (1977). *Resource-based learning*. Londres: Longman.

Bennars, G. A., Otiende, J. E. & R. (1994). *Théorie et pratique de l'éducation*. Éditions d'Afrique de l'Est.

Borg, W.R. & Gall, M.D. (1989). *Educational research: an introduction*. Nova Iorque: Longman Press.

Bloom, B. (1956). *Taxonomia dos objectivos educativos: A classificação dos objectivos educativos. Manual 1: Domínio cognitivo*. Nova Iorque; Chicago Press.

Brown, G. & Wragg, E. (1993). *Interrogation, Rutledge*. Londres: Longman Press.

Carin, A., Bass, J. & Contact, L. T. (2005). *Methods for teaching science as enquiry*. Singapore: Pearson Educational Ltd.

Cohen, L. & Manion, I. (1994). *Educational research methods*. Londres: Rutledge.

Davies, W. K. (1975). *An argument for school-based learning tools*. Estados Unidos: Chicago Press.

Treiber, R. (1989). *A construção da imagem da ciência no ensino escolar.*

Em Miller, R. (1989). Imagens aborrecidas da ciência na educação científica. Lewes: Falmer Press.

Ellington, H. (1985). *Produzindo materiais didácticos*. EUA: Chicago Press.

Fisher, R. P., Power, C. N. & Endean, L. (1972). *Fundamental issues in the teaching of biology.* Sydney: John Wiley & Sons.

Fraser, J.B. & Walberg, H.J. (1995). *Melhorar o ensino da biologia. Sociedade Nacional para o Estudo da Educação. The Contemporary Issues in Education Series.* EUA: Chicago Press.

Fredl, E.A. (1986). *Teaching biology to children.* EUA: Chicago Press.

Gagne, R. M. (1985). *As condições de aprendizagem.* [th](4 ed.). Nova Iorque: Crossroad.

Grobman, B.A. & Mayer, V. W. (1975). *Revisão do currículo de ciências da vida.* Universidade de Rutgers. New Brunswick: BScs Publication.

Haggis, S. (1972). *Science education in national development.* Londres: Longman.

Hanson, J. (1975). *The use of resources: Unwind educational books.* Londres: Longman.

Heimlich, M. & Russell (1989). *O modelo ASSURE.* Nova Iorque: Chicago Press.

Hertem, W. & Jelly, S. (1990*). O desenvolvimento da ciência na sala de aula.* Portsmouth: Heinemann.

Hughes, A. & Hughes, E. H. (1966). *An introduction. Learning and teaching in psychology and pedagogy.* Longmans.

Ingule, F. & Gatumu, H. (1996). *Essentials of educational research (Fundamentos da investigação educacional). Nairobi*: East African Educational Publishers.

Relatório JICA. (1998). *Estudos de adega*: um manual apresentado em Cemastea. Karen, em inglês. Nairobi.

Kadasia, J. (2000). *Status of science teaching at secondary level in* Kenya. Um documento apresentado num seminário no KIE.

Kemp, J. (1985). *Instructional techniques*. Londres: Oxford.

KIE (2002*). Relatório do Inquérito de Avaliação das Necessidades para o Programa do Ensino Secundário*. Nairobi: KIE.

KNEC (2000). *Relatório de análise do KCSE*. Nairobi: Gabinete de Impressão do Governo.

KNEC (2007). *Relatório de análise do KCSE*. Nairobi: Gabinete de Impressão do Governo.

Kimui, W.V. (1988). *A study of the availability and use of learning and teaching aids in primary schools in Kenya*. Nairobi.

Kothari, C. R. (2005). *Research methodology*. Nova Deli: New Age International Publishers Limited.

Lawton, D., Campbell, J. & Burkitt,V. (1971). *Estudos sociais 8-13: um relatório sobre os anos intermédios da escola*. Londres: Evans / Muthuen.

Makulu, H. P. (1971). *Education development and nation building in independent Africa*. Londres: SCM Press Ltd.

Marton, T. & Saljo, W. (1976). Qualitative differences in learning: outcomes and processes (Diferenças qualitativas na aprendizagem: resultados e processos). British Journal of Educational Psychology ,464 - 471.

Maritim, E.K. (1983). *Interacções observadas na sala de aula e ensino académico.*

Desempenho das escolas primárias, KERA Forschungsbericht Nr. 19, Gabinete

de investigação educacional. Nairobi: Universidade Kenyatta.

Maundu, J.N., Muchirii, M. & Sambili, J. (1998*). Ensino da biologia. Uma abordagem metodológica.* Nairobi: Lectern Press.

Marx, M.H. (1971). *Theories of learning*. Nova Iorque: Macmillan.

Ministério da Educação. (1976). *Novo currículo para as escolas*. Nairobi: Jomo Kenyatta Foundations.

Mintzes, J., Joel, Wandoersee. & Norak, D. (1998). *Ensinar ciências para compreender a visão humana* - San Diego - CA: Academic Press.

Mugenda, A. & Mugenda, O.M. (2003). *Métodos de investigação*: abordagens quantitativas e qualitativas. Nairobi: Centro Africano de Tecnologia e Estudos (ACTS) Press.

Mwangi, D.T. (1985). *Um estudo dos factores que influenciam o desempenho em matemática nas escolas secundárias do Quénia* BERC. Universidade do Quénia.

Nicholas, H. (1975). *Creative writing*. Londres: Longman.

Njogah, B. & Jowi, O. *Audiovisual tools in learning with non-projected media.* [th](Uma apresentação num seminário para professores de inglês, 14 de agosto,.

1981).

Nyongesa, S.B. (1990). *A study of the teaching practices of English teachers in the upper classes of primary schools in Kabra Division of Kakamega District*. Nairobi: Universidade Kenyatta.

Orlich, Harder . (2001). *Estratégias de ensino*. Um guia para uma melhor compreensão. Callahan, Gibson.

Orwa,W.O. & Underwood,M. (1986). *Science education*. Nairobi: Kenyatta Universidade.

Owen, J. G. (1973). *Recursos para a aprendizagem. The role of educational authority*. Grã-Bretanha: Longman.

Parkinson, J. (1994). *The effective teaching of biology in secondary education*:

a print edition commissioned by Peason Education. Londres: Longman.

Patel, M. M. & Mukwa, W. (1993). *Design and use of media in education.* Nairobi: Lectern.

Piaget, J. (1959). *Major Trends in Interdisciplinary Research.* Londres: Basic Book.

Raghubir, K.P. (1979). *The laboratory investigative approach to science instruction",* in: Journal of research in science teaching, Vol. 16, NO. 1.

República do Quénia. -(1964). *Relatório sobre a Educação no Quénia,* impresso pelo Governo de Nairobi.

-(1981). A *segunda universidade no Quénia*: relatório do

Grupo de Trabalho do Presidente. Nairobi: Governo

Impressora.

-(1976). *Relatório sobre o então Comité Nacional de Política e Objectivos Educativos.* Relatório Gachathi - (1981). *O Grupo de Trabalho do Presidente sobre o Segundo*

Universidade do Quénia. Relatório Mackey.

-(1988). *Relatório do grupo de trabalho residual sobre*

Workforce education and training for the next decade and beyond. Nairobi: Government Printing Office.

-(2000). *Relatório sobre o sistema educativo no Quénia.* Relatório Koech.

Robler, M.D., William, H., King, F.J. (1988). *Avaliar o impacto da instrução assistida por computador;* uma visão geral da investigação recente sobre computadores nas escolas. S. No. 3/4

Satyanarayan, R.B., Bode,W.M. & Henry, S. (1983). *Research methods in the social sciences.* Nova Deli: Sterling Publishing.

Saunders, D.J. (1994). *Handbook of visual communication.* Guia Ford:

Lutterworth.

Sheffield, J. (1973). *Education in Kenya: a historical study (Educação no Quénia: um estudo histórico)*. Nova Iorque: Teachers College, Columbia University Press.

Relatório SMASSE (1998). *Estudos de caves*: um manual apresentado à Cemastea.Karen. Nairobi.

Smith, L., Keith P. (1975*). Anatomy of educational innovations*. Londres: Longman.

Supulvedo, S.M. (1983). *The influence of school resources in Chile: their impact on achievement and educational attainment.* Washington D.C.

Toili, W. (1987). *O papel das estratégias de ensino das ciências e da formação de professores na promoção da literacia científica nas escolas primárias do Quénia: limitações e perspectivas.* Nairobi: KIE Paper 1.

Trowbridge, W. Leslie, T, Bybee W., & Powel, G. (2004). *O ensino da biologia no ensino secundário.* [th] *Estratégias para desenvolver a literacia científica (8ª edição).* Upper Saddle R, New Jersey Columbus, Ohio.

UNESCO, *Ciência e Tecnologia Internacional*, (2006). *Boletim Informativo de Educação Ambiental* Vol. XXXI número 3&4

UNESCO, *A Compreensão Internacional na Escola*, (1967). Londres.

Victor, E. (1975). *Science for the Elementary School.* [rd]Londres 3 Edição, Longman.

Walton, J. & Ruck, J. (1975). *Resources and resource centres*. Londres: Longman.

Wenglinsky, H. (2002). *Arquivos de análise da política educativa.* Recuperado em 5 de junho de 2011, de htt://edoc.resou.pdf.

APPENDIX I

ESCOLAS SECUNDÁRIAS ESTATAIS NO DISTRITO DE SIAYA

ENSINO SECUNDÁRIO NO DISTRITO DE SIAYA

ESCOLAS - PÚBLICAS

1. Escola secundária de Sawagongo
2. Escola Secundária St. Mary's Yala
3. Escola Secundária para Raparigas de Ngiya
4. Escola Secundária para Raparigas de Mbaga
5. Escola secundária de Rang'ala para raparigas
6. Escola secundária de Ukwala
7. Escola Secundária do Município de Sega
8. Escola Secundária Ambira
9. Escola secundária St. Peters Rambula
10. Escola Secundária para Rapazes de Rang'ala
11. Escola Secundária Barding Boys
12. Escola secundária mista de Kaudha
13. Escola secundária mista de Jera
14. Escola Secundária St. Stephen Siginga
15. Escola secundária mista de Simenya
16. Escola secundária mista de Sirende
17. A escola secundária do senador Obama
18. Escola secundária St. Charles Humwend
19. Escola secundária Agoro Oyombe
20. Escola secundária de ObamboEscola secundária de Siaya Canton
21. Escola secundária de Nyagondo
22. Escola secundária para raparigas Aluor

23. Escola secundária mista de Ulafu

24. Escola secundária mista de Ndenge

25. Escola secundária para rapazes de Mwer

26. Escola secundária de Nyawara para raparigas

27. Escola secundária de Sinaga para raparigas

28. Escola Secundária de Boro

29. Escola secundária de Umina

30. Escola secundária Argwings Kodhek

31. Escola secundária de Apuoyo

32. Escola secundária B.A Ohanga

33. Escola Secundária Ambrose Adeya

34. Escola secundária de Sihayi

35. Escola secundária Horace-Ongili

36. Escola secundária de Sirembe

37. Escola Secundária de Sagam

38. Escola secundária de Inungo

39. Escola Secundária de Nyajuok

40. Escola secundária de Uranga

41. Escola secundária mista de Hono

42. Escola secundária de Nyasanda

43. Obtenção do diploma da escola secundária feminina de Osimbo

44. Escola Secundária S. Barnabé Anyiko

45. Escola secundária de Nyamninia

46. Escola secundária de Yenga

47. Escola secundária de Mulaha

48. Escola secundária de Dibuor

49. Escola secundária Me Uloma

50. Escola secundária de Hawinga

51. Escola secundária de Cambable

52. Escola secundária de Miyare

53. Escola secundária de Maliera

54. Escola secundária de Ulumbi

55. Escola secundária de Gongo

56. Escola secundária de Mutumbu para raparigas

57. Escola secundária de Nyangulu

58. Escola secundária mista de Mbaga.

59. Escola secundária mista de Mudhiero

60. Escola secundária de Ramba

61. Escola secundária de Madungu

62. Escola secundária mista de Wagwer

63. Escola secundária mista de Malele

64. Escola secundária mista de Dienya

65. Escola secundária St. Pauls Sigomre

66. Escola secundária de Obambo

67. Escola Secundária de Saint-Julien

68. Academia da Missão Evangélica

69. Escola secundária de Sainte-Croix

70. Escola secundária mista de Lundha

71. Escola secundária mista de Ndori

72. Escola secundária de Nyabeda

73. Escola secundária Dirk Alison

74. Escola secundária de Sidindi

75. Escola secundária mista de Ngiya

76. Escola secundária de Nyambare

77. Escola secundária mista de Nduru

78. Escola secundária de Ogeda

79. Escola secundária de Malomba

80. Escola secundária mista de Dhene

81. Escola secundária de Nyalunya

82. Escola secundária mista de Segere

83. Escola secundária St. Marks Kagilo

84. Escola secundária mista de Lihanda

85. Escola secundária de Kalkada

86. Escola secundária de Ting'are

87. Escola secundária mista de Hawinga

88. Escola Secundária de Uluthe

89. Escola secundária de Bar Atheng

90. Escola secundária de Ugunja

91. Escola secundária mista de Kagonya.

ESCOLAS SECUNDÁRIAS PÚBLICAS SELECCIONADAS PARA O ESTUDO Quadro 3.2: **Escolas secundárias públicas seleccionadas para o estudo** por tipo, categoria, departamento e localização

	Nome da escola	Tipo	Categoria	Departamento	Sítio Web
1	Escola Secundária de Ambira	Província	Internato para rapazes	Ugunja	Urbano
2	Ngiya rapariga	Província	Internato para raparigas	Karemo	Urbano
3	Ndenga Misto	Província	Refeições mistas	Ukwala	Urbano
4	Hono Misto	Província	Refeições mistas	Boro	Urbano
5	Sidindi Misto	Distrito	Refeições mistas	Ugunja	Urbano
6	I Uloma	Distrito	Dia misto	Ugunja	Rural
7	Anyiko	Distrito	Dia misto	Sihayi	Rural
8	Inungo	Distrito	Dia misto	Sihayi	Rural
9	Sihayi	Distrito	Dia misto	Sihayi	Rural
10	Cantão de Siaya	Distrito	Dia misto	Karemo	Urbano
11	Ulafu	Distrito	Dia misto	Karemo	Rural
12	Cantão de Sega	Distrito	Dia misto	Ukwala	Urbano
13	Yenga Misto	Distrito	Dia misto	Ukwala	Rural
14	Nyagondo	Distrito	Dia misto	Wagai	Rural
15	Dhene	Distrito	Dia misto	Wagai	Rural
16	Ndori	Distrito	Dia misto	Wagai	Rural
17	Nyambare	Distrito	Dia misto	Uranga	Rural
18	Kalkada	Distrito	Dia misto	Yala	Rural
19	Mutumbu	Distrito	Dia misto	Yala	Rural
20	São Barnabé Anyiko	Distrito	Dia misto	Yala	Rural
21	Ulumbi	Distrito	Dia misto	Yala	Rural
22	Obambo	Distrito	Dia misto	Boro	Rural
23	Mbaga Misto	Distrito	Dia misto	Boro	Rural

Seleção da fonte-investigador por amostragem estratificada e aleatória (2011)

APPENDIX III

ESCOLAS SELECCIONADAS PARA O ESTUDO-PILOTO

NOME DO ESCOLA	TIPO	CATEGORIA	DIVISÃO
Sawagongo	Província	Internato para rapazes	Wagai
Rapariga Sega	Província	Internato para raparigas	Ukwala
Sigomre	Província	Dia misto	Ugunja
Sagam	Distrito	Dia misto	Yala
Madungu	Distrito	Dia misto	Ugunja

APÊNDICE IV

ESCOLAS SELECCIONADAS PARA OBSERVAÇÃO PEDAGÓGICA

NOME DA ESCOLA	CATEGORIA	DIVISÃO
Escola Secundária de Ambira	Província	Ugunja
Escola secundária de Hono	Província	Wagai
Rapariga Mutumbu	Distrito	Yala

APÊNDICE V

QUESTIONÁRIOS AOS ESTUDANTES

SECÇÃO A: Informações gerais

(Assinalar a resposta correcta nas caixas)

Informações pessoais

1. Género

(a) Homem   (   )

(b) Mulher   (   )

2. Antiga

(a) 13-15 anos de idade (   )

(b) 16-18 anos   (   )

(c) 19 anos ou mais   (   )

Perguntas para os estudantes

1. Que tipo de recursos biológicos são mais frequentemente utilizados para o ensino na sua escola? Assinale as possibilidades correctas.

(a) Vídeos   ( )   (b) Manuais ( ) (c) Reais Artigo ( )

(d) Todas as anteriores ( )   (e) Nenhuma das anteriores ( )

(f) Outros (especificar)

2. Como é que os recursos são mais frequentemente disponibilizados?

(a) O professor fornece ( )   (b) fazer com que os alunos ( )

(c) Professores e alunos observam no habitat natural ( )

(d) nenhuma das anteriores ( )

(e) Todas as anteriores.

3. Existem materiais de ensino e aprendizagem suficientes para a biologia?

(a) Sim ( ) (b) (Não)

4. Está envolvido no processo de disponibilização de materiais didácticos?

(a) Sim ( )   (b) Não ( ) (c) Não tenho a certeza (   ) (d) Não sei

conhecimento ( )

5. Tu e os teus colegas estão a aprender com ajudas sem a ajuda do professor?

(a) Sim ( )   (b) Não ( ) (c) Não tenho a certeza ( ) (d) Não sei ( )

6. Que desafios enfrenta enquanto aprendente quando utiliza os recursos de ensino e aprendizagem da biologia? (enumerar os recursos e os desafios)-------------

7. Como está a ultrapassar os desafios do T6?_______________________________

8. Com que frequência aprende com recursos? (a) Sempre ( ) (b) Às vezes ( )

    (c) De modo algum ( )

9. As visitas guiadas e as visitas fora da escola envolvem-no nas aulas de biologia?

    (a) Sim ( )   (b) Não ( )

10. Onde e quando indicar isto?

    (a)   Na proximidade de escolas ( )

    (b)   Fora da escola   ( )

    (c)   Outro - especificar _______________________________________

SECÇÃO B

Opinião dos alunos sobre os factores que influenciam os seus resultados escolares. SA (concordo totalmente)**A** (concordo) **UD** (indeciso) **D**(discordo) **SD** (discordo totalmente) .

Percentagem (%)

	Declarações	Avaliação do consentimento				
	Artigo	SA	A	UD	D	SD
1	A nossa escola dispõe de recursos biológicos adequados e actualizados					
2	Dispomos de um laboratório separado para a biologia					
3	Utilizamos o laboratório de biologia de forma adequada					

4	Utilizamos materiais de ensino e aprendizagem nos nossos cursos de biologia						
5	Temos menos de 50 alunos por turma						
6	Tenho boas notas em biologia						
7	No meu tempo livre, estou a fazer um curso de biologia.						
8	Percebo quando as pessoas me dão lições de biologia.						
9	As autoridades escolares apoiam a compra de recursos biológicos						
10	A nossa turma conclui o programa de biologia a tempo						

QUESTIONÁRIO PARA PROFESSORES

SECÇÃO A: Informações gerais

Instruções : Assinale as opções que se aplicam a si   ter em conta.

Informações pessoais

1. Sexo   (a) Masculino   ( )

               (b) Feminino   ( )

2. Idade   (a) 20 a 24 anos   ( )

               (b)   25 a 34 anos   ( )

               (c)   35 a 44 anos   ( )

               (d)   45 anos ou mais   ( )

3. Experiência de ensino

               (a)   Menos de um ano   ( )

               (b)   1 - 5 anos   ( )

               (c)   6 - 9 anos   ( )

(d)   10 - 14 anos   (   )

(e)   15 anos e mais   (   )

4.   Qualificação profissional mais elevada

(a)   Certificado S1   (   )

(b)   Diploma em pedagogia   (   )

(c)   Licenciatura em Educação/PGDE (   )

(d)   Mestrado em Educação   (   )

(e)   Outros   (   )

5.   Cursos de biologia que lecciona

(a)   Formulário 1   (   )

(b)   Formulário 2   (   )

(c)   Formulário 3   (   )

(d)   Formulário 4   (   )

6.   Há quanto tempo ensina biologia no ensino secundário?

a) menos de 12 meses ( ) b) 1 a 2 anos ( )   (c)   3-4 anos ( )
        (d)5 anos e mais( )

7.   Quantos alunos pode ensinar com os recursos disponíveis? ....

8.   Quantos alunos há atualmente na sua turma?----------------------------

SECÇÃO B - INFORMAÇÕES SOBRE A UTILIZAÇÃO DOS RECURSOS

1   Com que frequência utiliza os materiais de ensino e aprendizagem disponíveis na sua escola?

(a)   Cada lição   ( )

(b)   Durante as aulas práticas ( )

(c)   Uma vez por quinzena   ( )

2   Que recursos utiliza habitualmente na escola?

(a)   Audiovisual   (   )

(b)   Imprimir   (   )

(c)   Realia (   ) 3. Leva os seus alunos a estudar fora da escola? (a) Sim ( ) (b) Não ( )

4.1   Em caso afirmativo, a que recursos os está a expor?

(a) Pessoa de recurso   (   )

(b) Actividades como jogos e espectáculos   ( )

(c) Espécimes reais no ambiente exterior   (   )

(d) Saídas/excursões, por exemplo, para uma fábrica (   )

5 Quais são as razões que o levam a utilizar materiais de ensino e aprendizagem na sua escola, se é que o faz?

(a) Clareza de ideias   (   )

(b) Tornar os programas de aprendizagem uma realidade   (   )

(c) Tornar os programas de aprendizagem uma realidade   (   )

(d) Transmitir a experiência prática aos estudantes (   )

(e) Despertar o interesse dos alunos   (   )

6 Os seus alunos utilizam sempre os recursos de aprendizagem quando estudam sozinhos?

(a) Sim ( )   (b) Não tenho a certeza (c) Não ( ) (d) Não sei ( )

7 (i) Como é que a utilização de recursos o ajuda a ensinar eficazmente? Indicação

8 .a) Tem acesso a um centro INSET perto da sua escola? Sim( ) (b) Não ( )

b) Pede emprestados recursos para o ensino e a aprendizagem da sua disciplina ao centro INSET, se tiver falta deles?

(a) Sim ()   (b) Não (   )

9. mencionar o(s) problema(s) que, na sua opinião, está(ão) ligado(s) à utilização dos recursos

10 . Como é que podemos resolver o problema?

11 (a) i) A sua escola utiliza recursos biológicos baseados nas tecnologias actuais, como os computadores, para o ensino e aprendizagem das matérias biológicas na sua escola?

(a) Sim ( )   (b) Não ( )

(11) Se   sim,   quais?

(b) Indicar a frequência com que são utilizados os meios acima referidos

(a) Frequente ( )

(b) Poucas vezes ( )

12. Quais são os desafios com que se depara na utilização dos recursos acima referidos?

Estado

____

SECÇÃO C

Opinião dos professores sobre os factores que influenciam os resultados escolares

Assinale as caixas das grelhas abaixo que correspondem às informações dadas.**SA**

(	DECLARAÇÃO	SA	A	UD	D	SD
1.	A nossa escola dispõe dos recursos necessários para a biologia					
2	Utilizo sempre este recurso quando ensino biologia.					
3	Na minha turma, há mais de 50 alunos					
4	Os meus alunos de biologia são menos de 50 na turma					
5	Os meus alunos de biologia estão a fazer um estágio na sua própria empresa.					
6	Temos o nosso próprio laboratório de biologia na nossa escola					
7	Nas minhas aulas de biologia, utilizo principalmente aulas teóricas e demonstrações.					

8	A nossa autoridade escolar apoia-nos na aquisição de recursos					
9	Tenho tempo suficiente para planear aulas práticas de biologia.					
10	Os meus alunos têm um bom desempenho em biologia					

LISTA DE CONTROLO DOS MATERIAIS DIDÁCTICOS DE BIOLOGIA

Assunto ensinado _________________ Aula _________________

Número de alunos por turma Data de registo _____

A) LIVROS DE TEXTO	Nome do manual	Disponível Suficiente / Insuficiente	Não disponível porquê	Número na biblioteca	Rácio livro escolar/aluno
Manuais recomendados pelo Ministério					
Apresentação de livros complementares					
Obras de referência para professores					
Obras de referência para estudantes					

B). OUTROS EDUCAÇÃO PARA A SIDA	Nome do material didático	Disponível Suficiente Insuficiente	Não disponível Porquê?	Número na escola	Sinais de utilização
Cartões produzidos comercialmente					
Modelos					
Dioramas					
Equipamento					
O professor faz					
O aluno faz					
Outros indicam					

C. ÁUDIO VISUAL	Nome do docente/assistente			Número na escola	Sinais de utilização
		Disponível Suficiente Insuficiente	Não disponível porquê		
Áudio					
Visual					
Audiovisual					
D.REALIA					

CALENDÁRIO DE OBSERVAÇÃO DE CURSOS

Detalhes da administração :

Tipo de escolaTipo de escolaTipo de escolaCategoria de   escola

(província/distrito)   (mista/única)   (rural/urbana)

---------------------- ClassStopicsSubtopicsLength --------------------

Categoria A (ensino com recursos)

		Introdução		Conclusão
	Atividade do professor (utilizando recursos)		**Desenvolvimento de lições**	
1	Objectos reais			
2	Imagens/fotografias			
3	Diagrama desenhado			
4	Utilizar o retroprojetor			
5	Utilizar uma apresentação PowerPoint			
6	Actividades ao ar livre com recursos			
7	Demonstrar a utilização de recursos na sala de aula			
8	Qualquer outra atividade observável			

	Actividades dos estudantes	**Introdução**	**Desenvolvimento de lições**	**Resumo/Conclusão**

1	Observação da utilização dos recursos			
2	Fazer perguntas sobre os recursos			
3	Fabrico de modelos			
4	Desenho de diagramas			
5	Realização de experiências			

Categoria B (ensino sem material didático)

Detalhes da administração :

................Tipo de escolaTipo de escolaTipo de escolaCategoria de
........................escola....................

(província/distrito)   (misto/único)   (rural/urbano)

ClassStopicsSubtopicsLength

	Actividades para professores	Introdução	Desenvolvimento de lições	Resumo
1	Atividade de ensino			
2	Desenhar analogias			
3	Incentivar os alunos a aprender de forma autónoma			
4	Tirar conclusões, formular ou verificar hipóteses			
5	Notas de leitura para os alunos			
6	Copiar notas para o quadro			
7	Outros comentários			
	Actividades dos estudantes	**Introdução**	**Desenvolvimento de lições**	**Resumo**

1	Ouvir passivamente			
2	Introduzir ou confirmar factos ou Princípios do professor.			
3	Dirigir debates em grupo			
4	Outros comentários			

APÊNDICE IX

<u>**TESTE DA DIAGONAL PARA FORMAR 2 CLASSES - CATEGORIA A E CATEGORIA**</u>

<u>**B (Com base num curso sobre o coração dos mamíferos, em que foi utilizado um coração de mamífero real (vaca) com a ajuda de um modelo e de diagramas numa aula e sem estes instrumentos noutra aula)**</u>

(Selecionado a partir das perguntas do KCSE 2000-2010)

Responde a todas as perguntas nos campos previstos para o efeito.

1) A ilustração seguinte mostra o coração de um mamífero. Estuda-a e responde às seguintes questões

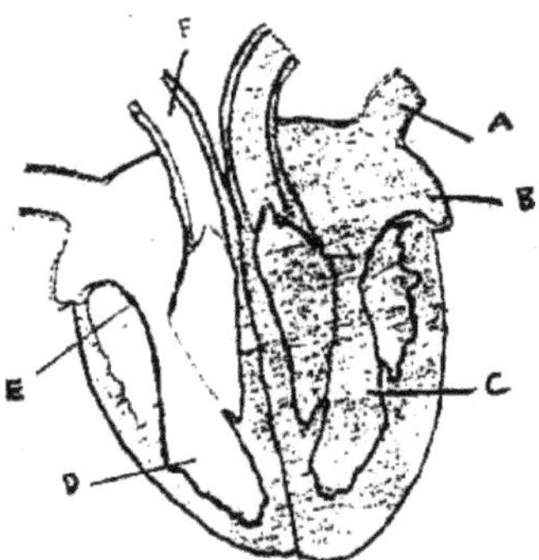

1a) Diga o nome das partes designadas por A, B, E e F b)   (4mks)
Use setas para indicar a direção em que o sangue flui através
do coração (2mks) c) Justifique porque é que a parede do ventrículo C é mais
espessa do que a do ventrículo D (2mkss)

Utilizando o diagrama acima, responde às perguntas do quadro abaixo.

2 a. Qual é a diferença entre a parte B e D.....................(2mks)

b, Indique as diferenças funcionais entre as peças designadas por B e C. (5 k)

3. Descreva a adaptação estrutural do coração dos mamíferos às suas funções. (25mks)

4. Indique as diferenças entre artérias e veias (5mks)

HORÁRIO DA ENTREVISTA COM O CLIENTE

O objetivo desta entrevista é recolher informações sobre os factores que contribuem para o desempenho dos alunos na utilização dos recursos biológicos na sua escola. Todas as informações fornecidas são estritamente confidenciais e só serão utilizadas para os objectivos deste estudo. A sua colaboração é muito apreciada.

1. Na sua opinião, em que medida os recursos de biologia da sua escola são adequados? (Pergunta: Biologia).

2. O que é que pode dizer sobre a utilização de recursos no ensino da biologia na sua escola (exemplo: estágios).

3. Quais são os problemas que você e os seus professores encontram na utilização dos recursos? (Pergunta: Desafios).

4. A formação e as qualificações dos professores influenciam os resultados dos alunos (amostra: nível de competência dos professores).

5. Como é que a disponibilidade e a utilização de recursos contribuem para

o desempenho dos alunos em biologia na sua escola? (Pergunta: disponibilidade de recursos de ensino e aprendizagem).

6. O que é que acha que pode ser feito para melhorar os resultados dos alunos em biologia?

MAPA DO DISTRITO DE SIAYA

Mapa do distrito de Siaya por unidade administrativa - 2007

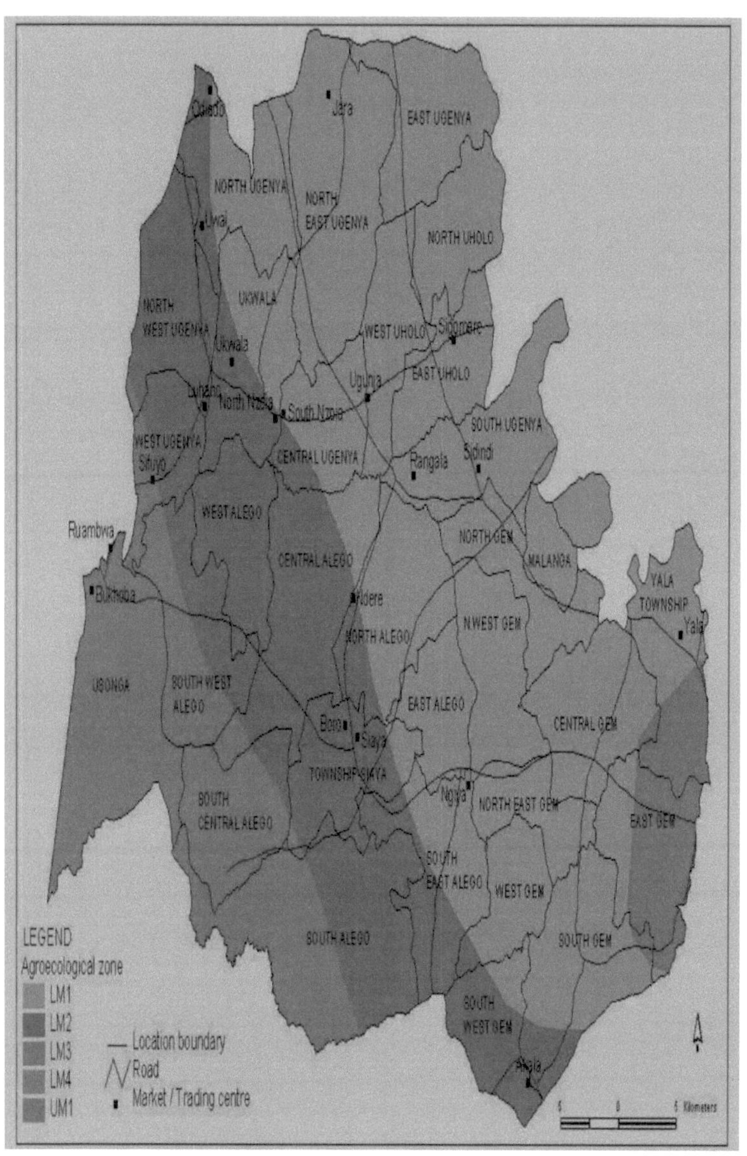

Odiado
Jara
EAST UGENYA
NORTH UGENYA
NORTH EAST UGENYA
Uwai
NORTH UHOLO
UKWALA
NORTH WEST UGENYA
Ukwala
WEST UHOLO
Sidombe
Luhano
North Nadia
South Nime
East Uholo
Ugunja
WEST UGENYA
Sifuyo
CENTRAL UGENYA
SOUTH UGENYA
Ruambwa
Rangala
Sidindi
WEST ALEGO
CENTRAL ALEGO
NORTH GEM
MALANGA
Bukhoba
Ndere
NORTH ALEGO
N WEST GEM
YALA TOWNSHIP
Yala
UGONGA
SOUTH WEST ALEGO
EAST ALEGO
CENTRAL GEM
Boro
Siaya
TOWNSHIP SIAYA
Ngiya
NORTH EAST GEM
EAST GEM
SOUTH CENTRAL ALEGO
SOUTH EAST ALEGO
WEST GEM
SOUTH ALEGO
SOUTH GEM
SOUTH WEST GEM
Akala
LEGEND
Agroecological zone
LM1
LM2
LM3
LM4
UM1
Location boundary
Road
Market / Trading centre
5   0   5 Kilometers

Printed by Books on Demand GmbH, Norderstedt / Germany